希文◎主编

糊涂里的大智慧

中华工商联合出版社

图书在版编目（CIP）数据

难得糊涂里的大智慧 / 希文主编．-- 北京：中华工商联合出版社，2021.1（2024.2重印）

ISBN 978-7-5158-2947-0

Ⅰ．①难… Ⅱ．①希… Ⅲ．①人生哲学－通俗读物

Ⅳ．① B821-49

中国版本图书馆 CIP 数据核字（2020）第 235845 号

难得糊涂里的大智慧

主　　编：希　文
出 品 人：李　梁
责任编辑：吕　莺
装帧设计：星客月客动漫设计有限公司
责任审读：傅德华
责任印制：迈致红
出版发行：中华工商联合出版社有限责任公司
印　　刷：三河市同力彩印有限公司
版　　次：2021 年 4 月第 1 版
印　　次：2024 年 2 月第 6 次印刷
开　　本：710mm×1000 mm　1/16
字　　数：174 千字
印　　张：13.75
书　　号：ISBN 978-7-5158-2947-0
定　　价：69.00 元

服务热线：010-58301130-0（前台）
销售热线：010-58302977（网店部）
　　　　　010-58302166（门店部）
　　　　　010-58302837（馆配部、新媒体部）
　　　　　010-58302813（团购部）
地址邮编：北京市西城区西环广场 A 座
　　　　　19-20 层，100044
http://www.chgslcbs.cn
投稿热线：010-58302907（总编室）
投稿邮箱：1621239583@qq.com

前言

　　刚走出校园的小娟，在一家新媒体公司上班。因为加班是常态，她会备一些零食在办公室。让她有点小烦恼的是：她的零食经常会被同事"帮忙"吃掉。有的同事当面问她要，有的同事干脆直接拿走吃了。

　　小娟慢慢觉得这样好吃亏，于是每次买了零食都放家里，上班时就在包里带一点。这样，她觉得自己精明，不再糊里糊涂地损失零食，但这也给他带来不少的麻烦：她偶尔会忘了带了零食，看着同事们们围着一包包零食"众乐乐"时，她不好意思加入进去分享……

　　有一天，小娟终于明白了：她为了不吃亏，保护自己那点可怜的零食，所付出的代价有点大了。从此她还如往常一样地带零食到公司，也不再计算与计较自己到底吃了多少。有同事说她大方，也有人说她糊涂，但她只是一笑，依然如此。

　　很多事其实糊涂点会得到幸福，有的人太明白反而活得累。糊涂是明白的升华，是心中有数却不动声色的涵养，是超脱物外、不累尘世的气度，是行云流水、悠然自得的潇洒，是整体把握、抓大放小的运筹，是甘居下风、谦让豁达的胸怀，是百忍成金、化险为夷的韬略。其实"糊涂者"哪里是真的"糊涂"，他们只是因为看清了、看透了，明白与清醒到了极致，在他人的眼里才成了"糊涂"而已。

难得糊涂里有大智慧。一个人越早明白糊涂于人生的意义，就越早坐上开往春天的列车。

目录

第一章

给"明白"穿上"糊涂"的外套

在我们身边，总是能见到一些自以为自己很明白的人。比如，他人任何一点小瑕疵对他们都很重要，他人一句随意的话也能解读出其中的各种"深意"，还有，过往小事会念念不忘……这些所谓的"明白人"由于太明白，让与和他们打交道的人都小心翼翼，或敬而远之。

世界并不完美，人性总有弱点，生活中很多人是真"太明白"，于是计较来计较去，比如受了领导的批评，比如朋友给了一个诺言，比如妻子因为爱美买衣服或化妆品多花了几百元，比如孩子因为不小心打了一个碗……他们内心为此翻来覆去，或生气或愤怒，其实人太明白，就会不自觉卷入内心的不平稳中，而采取"糊涂"方式，就会觉得很多事没有多大值得计较的意义。而"糊涂"之后，身边的环境不仅和谐，人际关系也会好了。

人如果因为心中太明白了，就会计较，算计，而糊涂，能心胸开阔。糊涂如挑一纸灯笼，"明白"是其中燃烧的灯火。灯亮着，灯笼也亮着，便好照路；灯熄了，它也就如同深夜一般漆黑。灯笼之所以需要用纸罩在四周，只是因为灯火虽然明亮但过于孱弱，还容易灼伤他人与自己，因此需要适当地用纸隔离，这样既保护了灯火也保护了自己和别人。所以"明白"需要"糊涂"来隔离。给"明白"穿上"糊涂"的外套，既需要处世的智慧，又需要处世的勇气。很多人终其一生一事无成，痛苦烦恼不断，就是自认为自己"明白"，缺乏"装糊涂"的思想与勇气。

"糊涂"一点也挺好

在三十岁前，我的烦恼很多，这些烦恼大部分是源于"看"——看到同事对上级的谄媚，看到妻子对家务的敷衍，看到朋友在背后耍小聪明……我看见了，看清了，心理上自然有了抵触与愤怒，行为上也很难抑制住对那些"不良"行为的讨伐。可以想象，我的所作所为令自己与同事、妻子、朋友之间的关系经常处于紧张状态。

当我陷入人际关系不和谐的泥潭时，我开始努力控制自己对"不良"行为的讨伐，试图以此营造与外界和谐的美好氛围。但这样做的结果只有两个。其一，为了维持表面的和谐，我陷入压抑与克制自己内心真实想法之苦闷中，明明自己看不惯，还要假装自己看得惯，不是委屈自己吗？其二，当压抑与克制到难以忍受时，恶劣情绪会突然猛烈爆发，结果闹出更大的不快。

那时候，我总喜欢把导致错误的责任归咎于他人，很少想自己哪里做得不对。有一次看到一句话：如果你发现你身边的一切都是错的，那么错的一定是你自己。想想这句话，还真是有道理。于是便向一位和蔼的长者讨教为人处世的技巧。长者听完我的倾诉后，说："年轻人啊，你的苦恼来自你的视力太好了。"我听后很是不解。

长者笑着说："你看，我现在是老花眼，所以看不清同事对上级的谄笑，看不清老婆打扫的干净不干净，也看不清朋友耍的小聪明，眼不见心不烦。"

长者借用自己"老花眼"，告诫我心态要平和淡定，长者的"看不清"，不是真的看不清，这种"看不清"，表面上是视力不行，实质是内心的明白——明白这个世界上永远都存在不尽人意的地方，明白过细的较真只会令自己徒增烦恼。而内心一旦这样想，就不会对事斤斤计较，接下来与外界人与事相处也就和谐了。

古人云：甘瓜苦蒂，物不全美。又云：金无足赤，人无完人。俄国哲学家、作家车尔尼雪夫斯基有一句名言："既然太阳上也有黑子，人世间的事情就更不可能没有缺陷。"其实，太阳下也存有阴暗的角落，人身边的世界不可能总是那么干净亮堂？梦中的情人也许会很完美，现实中的爱人却多少有些缺陷或者缺点；广告中的商品也许会很完美，真正用起来却往往不尽人意。据有关史料表明：有"沉鱼"之美的西施耳朵比较小，有"落雁"之姿的王昭君的脚背肥厚了些，有"闭月"之颜的貂蝉有点体味，有"羞花"之容的杨玉环略胖了些……所以，人要是看得太清楚了，对他人他事会发现有很多毛病，对社会世界有许多不满。

在《红楼梦》中，贾雨村进入智通寺时，门前看到一副破旧对联：身后有余忘缩手，眼前无路想回头。这无疑是一句睿智的醒世良言，贾雨村认为寺中所居必为明白人，然而当他进寺后，他看到的不是一个容貌端详、白须飘飘、言语睿智的高僧，而是一个"既聋且昏，齿落舌钝，所答非所问"的煮饭老僧。而这个老僧却是个明白的"糊涂"之人。其实，世间，谁又能分得清哪个人是真明白，哪个人是假糊涂？

古话说；雾里看花最美丽。而事事要看得清清楚楚实际上是一件痛苦的事，因为这个世界本来是以缺陷的形式呈现给我们的，过去是，现在是，将来还是。如果我们事事清楚明白，那无异于自讨苦吃。

中国台湾著名女作家罗兰认为：当一个人碰到感情和理智交战的时候，常会发现越是清醒，就越是痛苦。因此，有时候对于一些人和事"真是不如干脆糊涂一点好"。人生在世，数十寒暑，不过弹指一挥间，所有生命都无一例外，既短暂又宝贵，然而现今却仍有许许多多的人，活得太明白，活得太精明。

远古之人认为混沌就是世界的本源，鸿蒙之初无所谓天与地，亦无所谓真与假。现代科学认为，最初的地球上没有空气与生命，最原始的生命体在雷电中产生，在海洋中生存发展，尔后才进化成现在这样的大千世界。可见，天道人事，从终极意义而言，归于混沌，人糊涂点好。

"健忘"是一种福

"小雨，对不起，我说过一定要赚100万才回来见你，但是我没有……"一对久别的恋人重逢，男的对女的这么说。

"是吗？我怎么不记得了。"女的回答。

"我不应该指责你贪财，是我不对。"男的继续说。

"你有这样的指责吗？我怎么不记得了。"女的回答。

男的一定是有过这样的誓言与指责，但女的已经"不记得"了。无论他们之间的感情是否还在，"不记得"都是一种最好的回答。

人在"不记得"的基础上，可以重新开始，也可以就此结束。因为哪对恋人之间都会有兑不了现的诺言？哪对恋人都会有磕碰与口角？

世界上最恐怖的莫过于这样一种人，只要一打开话匣子，就唠唠叨叨个没完，张家长李家短，多少年前的陈芝麻烂谷子，像本账簿，记得一笔不漏。人的大脑应该记住什么，应该忘记什么，这很重要。

那么，我们该记住什么？忘记什么呢？

我们以人世间最普遍存在的恩仇来说吧，有人记恩不记仇，也有人记仇不记恩。一个人,只要看看他一生中记住些什么,忘记些什么,就能大体上观察出他的心胸、气度和人品。记恩不记仇的人,一般都豁达大度,为人磊落,感恩而不计前嫌;记仇不记恩的人,一般都胸怀狭隘,心胸有限。

人健忘是一种"糊涂"。但健忘的人生未尝不是一种幸福。因为人的一生并不像自己期望的那么充满诗情画意,那么永远快乐自在。人生中会有许多苦痛和悲哀、会有令人厌恶和心碎的过程,如果把这些都储存在记忆中的话,人生必定越来越沉重、越来越悲观。当一个人回忆往事的时候就会发现,在人的一生中,美好快乐的体验往往只是瞬间,占据很小的一部分,而大部分时间则伴随着失望、忧郁和不满足。

所以,人生既然如此,健忘一点、糊涂一些有什么不好呢?它能够使人们忘记不快,忘记伤心事,减轻心理重负,净化思想意识;把自己从负面的苦海中解脱出来,忘记我们的痛苦和伤感,愉快做人和享受生活。

过去了的,就让它过去吧。记忆就像一本独特的书,内容越翻越多,而且描叙越来越清晰,越读就会越沉迷。有很多人为过去的记忆而活着,他们执着于过去,不肯放下。但也有这样一些人,生性健忘,过去的失去与悲伤对他们来说都是过去之事,他们不计较过去,不眷恋以往,不追讨旧账,活在当下,展望未来。

当然,人不能全部将过去忘记。别人对你的好,你要记得。我们该忘记的,一是过去的仇恨。一个人如果在头脑中种下仇恨的种子,梦里都会想着怎么报仇,他的一生可能都不会得到安宁。二是要忘记过去的忧愁。多愁善感的人,心情长期处于压抑之中而得不到释放,愁就会伤心,就会忧伤肺,忧愁的结果必然多疾病。《红楼梦》里的林黛玉不就是如此吗?所以,在我们生活中,记住仇恨,忘不掉忧愁,并不能解决任何问题。三是要忘记过去的悲伤。悲伤的确让人伤心。有些悲伤更叫人肝肠欲断。但一个人如果长时间的沉浸在悲伤之中，对于身体健康会是有很大的影响。与仇恨、忧愁一样，悲伤也不能解决任何问题，只是给自己、给他人徒添烦恼。理智的做法是应当学会忘记悲伤，尽快走出悲伤，为了他人，也为了自己。

"人生不满百，常怀千岁忧"，在生活中选择性"健忘"的人，才能活得潇洒自如。当然，在生活中真的"健忘"，丢三落四，绝非正常之事。我们说学会"健忘"，是说该忘记时不妨"忘记"一下，该糊涂时不妨"糊涂"一下。

尝试一次"听不到"

吕端在做北宋参政大臣、初入朝堂的那天，有个大臣指手画脚地说："这小子也能做参政？"吕端佯装没有听见而低头走过。旁边有些大臣替吕端打抱不平，要追查那个轻慢吕端的大臣姓名，吕端赶忙阻止说："如果知道了他的姓名，怕是终生都很难忘记，不如不知为上。"吕端对付"记得"的招数，直接干脆是"不听"。没有听见，就无所谓记得不记得了。

这个世界似乎很嘈杂，我们的耳膜里总是充斥着各种各样的声音。有些声音让你开心，有些声音让你糟心，有些声音会让你恼火……

有一位叫露丝的美国女士，她喜欢说的一句话是："你说什么我没听到哦"。这句话给她的生活与事业带来了双丰收。

露丝在自己举行婚礼的那天早上，她在楼上做最后的准备，这时，她的母亲走上楼来，把一样东西放在她的手里，然后看着她，用从未有过的认真口气对露丝说："我现在要给你一个今后一定用得着的忠告，那就是你必须记住，每一段美好的婚姻里，都有些话语值得充耳不闻。"

说完后，母亲在露丝的手心里放下一对软胶质耳塞。而正沉浸在一片美好祝福声中的露丝对此感到十分困惑，不明白在这个时候妈妈塞一对耳塞到她手里究竟是什么意思。但没过多久，她与丈夫第一次发生争执时，便明白了老人的苦心，"她的用意很简单，她是用一生的经历与经验告诉我，人生气或冲动的时候，难免会说出一些未经考虑的话，而此时，最佳的应对之道就是充耳不闻，权当没有听到，而不要同样愤然回嘴反击。"露丝说。

但对露丝而言，这句话产生的影响绝非仅限于婚姻。作为妻子，在家里她用这个方法化解丈夫尖锐的指责，修护自己的爱情生活。作为职业人，在公司她用这个方法淡化同事过激的抱怨优化自己的工作环境，她告诫自己，愤怒、怨憎、忌妒与自虐都是无意义的，它只会掏空一个人的美丽，尤其是一个女人的美丽，每一个人都可能在某个时候会说出一些伤人或未经考虑的话。此时，最佳的应对之道就是暂时关闭自己的耳朵——你说什么，我没听到哦……

明明听到了，却要说没听到，并做到"没听到"的境界，当然不是那么容易。但正是因为不容易，才能区分出一个人情商的高低。你也许不能一下子就跃升到露丝的境界，但不妨从现在起、从对待身边的人起，尝试一次"听不到"，再尝试一次……

万事开头难，但有了第一次之后，或许以后就"习惯成自然"了。心理专家认为改掉旧习惯、养成新习惯只需要28天。也许，你改掉喜欢计较他人说话的习惯，只需要28次"听不到"，就可以养成新的习惯。

老子极为推崇"糊涂"。他自称"俗人昭昭，我独昏昏；俗人察察，我独闷闷"。而作为老子哲学核心范畴的"道"，更是那种"视之不见，听之不闻，搏之不得"的似"糊涂"又非"糊涂"，似明白又非明白的境界。你不妨试试。

看透而不说透

我们从小被教育做人要"知无不言，言无不尽"，意思是知道的就要说，要说就毫无保留地说。但长大后却发现，这句箴言是有问题的。首先，什么是"知"，是"真知"还是你所"知"？其次，如果什么都"知无不言，言无不尽"的话，那人岂不成了一台不知停歇的喇叭？再者，无所顾忌的"言"，会难免变成伤人的"刀"。

邻居老张和妻子吵架，令老张脸上挂彩。有好事者问老张伤从何来。如果老张"知无不言"地说明来由，有必要吗？然后再"言无不尽"地传播夫妻之所以吵架的原委，不是多事吗？如果你是他的邻居知道此事，他人问你，你一句"不太清楚"回答，不是很好吗？要是好事者继续诱导你："听说是老张妻子发飙……"此时，你装装糊涂，一句"是吗？我不清楚"给回绝了，不是很好吗？

他人的事情，无关紧要的事情，不要传话。因为你不了解事实，不但自己累，还容易招来别人的怨恨。人人都有好面子的心理，不要去说他人隐私，装装"糊涂"最好。

邻居夫妻间吵架，要你去评理。你若真的把自己当成公正的法官，问清事情的来龙去脉，"知无不言，言无不尽"地把谁是谁非分析得头头是道。结果，可能被你分析得没有道理的人不服，继续争吵。而吵架过后，先是一方怨恨你，等到他们夫妻和好，怨恨你的说不定变成了两个人。这样的例子屡见不鲜，家务事，一般判不清。还不如抹抹稀泥，做一个"糊涂"的和事佬。

在圣诞节，一位带着礼物的圣诞爷爷问小邓肯："小朋友，猜猜圣诞爷爷给你带来什么礼物了？"小邓肯严肃地说："世界上根本就没有圣诞爷爷，你是假的圣诞爷爷。"圣诞爷爷觉得这个小女孩很可爱，就逗她："要相信圣诞爷爷的小朋友才有糖果吃噢。"小邓肯回答："我才不稀罕糖果呢。"

小邓肯因为小，直言直语还透着些许童言无忌的可爱。但成年人生活中一些看似坦率的实话，实在没有必要全部实说。有时候，善意的谎言也是需要的。美国著名作家欧·亨利的小说《最后一片叶子》里，讲述的就是一个善意的谎言的故事。当生病老人望着窗外凋零衰落的树叶而感到凄凉绝望时，充满爱心的画家用精心描绘的一片绿叶去装饰那棵干枯的生命之树，从而维持生病老人一段即将熄灭的生命之光。这难道不是谎言的好效果吗？

人不要被一些世俗小事牵绊住，一味地较真。遇到大的原则问题，"知无不言，言无不尽"，是不二选择。但是，什么是原则性问题，一定要弄清。

聪明反被聪明误

所谓"聪明一世，糊涂一时"，就是一些聪明人在吃了大亏、做了后悔事时的口头禅。"糊涂"和"聪明"是两种不同的人生态度。"聪明人"倚仗自己的"聪明"，处处试图抢占先机，生怕自己吃了亏、落了后。为此，搞得自己像个斗鸡一样，总以争利益为自己首要任务。而"糊涂人"却懂得收敛锋芒，不计较，胸怀宽广。

先哲老子极为推崇"糊涂学"。他自称"俗人昭昭，我独昏昏；俗人察察，我独闷闷"。作为老子哲学核心范畴的"道"，更是达到那种"视之不见，听之不闻，搏之不得"的似糊涂又非糊涂、似聪明又非聪明的境界。

明代政治家吕坤以他丰富的阅历和对历史人生的深刻洞察，写出了《呻吟语》这一处世奇书。书中说了一段十分精辟的话："精明也要十分，只须藏在浑厚里作用。古人得祸，精明者十居其九，未有浑厚而得祸者。今人之唯恐精明不至，所以为愚也。"

吕坤的意思是说，人的智慧好比是一笔财富，关键在于使用。智慧可以使人过得很好，也可以使人毁掉。凡事总有两面性，好的和坏的，有利的和不利的。真正"聪明人"的聪明总是深藏不露，不到刀刃上、不到火候时不会轻易使用。一味表露自己的聪明，其实不是聪明人。无论是从政，经商，做学问，还是治家务农，都不能耍小聪明。

小聪明从来就不能称之为智，充其量只是一些小道末技而已。小道末技可以让人逞一时之能，但最终会祸及自身。《红楼梦》中的王熙凤，机关算尽太聪明，反误了卿卿性命，也就是说聪明反被聪明误。

有点小聪明的人往往工于心计，善于拨弄自己的小算盘，却不愿推己及人为别人着想。事实上，人与人之间的利益存在着不少交集，交集的部分属于你也可以属于他，你若全部算计着给了自己，谁会那么宽宏大量？这种情况之下，比你更聪明的人一定会反过来算计你，令你"算来算去只算自己"。不仅劳心劳力，遍体鳞伤，众叛亲离——这种下场和你所得到的利益相比，孰重孰轻，亦是不言自明。

其次，耍小聪明的人通常也是一个斤斤计较的人，总是钻进一事一物的纠缠之中，他们看重"小利"而忽视"大利"，斤斤计较却不知轻重，机关算尽本末倒置。可能为了眼前的1块钱，错失了将来的100块钱，这难道不是很愚蠢吗？

还有，耍小聪明的人会过得很累。他们总是处处担心、事事设防、时时警惕、小心翼翼地过日子。别人很随意说的一句话，干的一件事，也许没有什么目的，但要小聪明的人就会敏感地"察觉"出什么。等到晚上回到家里，躺在床上也要细细琢磨，生怕别人有什么谋划会使自己吃亏。这样，他在处理人际关系上就会不实诚，不大方，甚至很造作。而我们身边这样的"聪明人"似乎很多，性情也不开朗，心理都很脆弱，神经过敏。

而古往中外，那些有大智慧的人给人感觉做人低调，从来不夸耀自己抬高自己。他们宠辱不惊，遇乱不躁，看透而不说透，知根而不亮底。他们把"明白"的灯火点亮在心中，用"糊涂"的灯笼罩着，然后风雨无阻、悠然前行……

第二章

"糊涂"有时是一种人性回归

清代名士郑板桥有一句名言：难得糊涂。此言一问世，就受到世人追捧。直至如今，很多人中堂的条幅上还写着这四个字。

"糊涂"是什么？糊涂是一种人性的回归——也就是道家所谓的"返璞归真"。返璞归真的意思是：去掉外饰，回复其原始的淳朴本真状态。《战国策·齐策四》中有云："归真反璞，则终身不辱。"

"难得糊涂"是哲人面对芸芸众生的执迷不悟而发的机言智语，需要用心体悟：即在人生的道路上，不要一味去争，要学会放下，糊涂一点，这样能让人得到一种安宁，一种轻松，一种坦荡，一种悠然，一种自在。

不刻意，不精心

你是否常常会觉得做人辛苦、处世艰难？其实，这些辛苦与艰难，大多是来自于你个人。人本是人，根本就不必刻意去做人；世本是世，也无须精心去处世——这是"糊涂"人生提倡的宗旨。

宋代禅宗大师青原行思认为参禅有三重境界：参禅之初，看山是山，看水是水；禅有悟时，看山不是山，看水不是水；禅中彻悟，看山仍然是山，看水仍然是水。人之一生，其实也经历着参禅的三重境界。

第一重：看山是山，看水是水。涉世之初，人们都单纯得很，就像小孩般天真。人家告诉他这是山，他就认识了山；告诉他这是水，他就认识了水。

凡看到的、听到的，以为都是真的。这时候的人是快乐的。

但快乐很快就消失了。因为他发现了世界的不确定性以及虚伪性。相信爱情，爱情会欺骗我们；相信真理，真理会蒙蔽我们。不是所有的真心都会换回真情，不是所有的付出都有回报。红尘之中有太多的诱惑，在虚伪的面具后隐藏着太多的潜规则，看到的并不一定是真实的，一切如雾里看花，似真似幻，似真还假，山不是山，水不是水，很容易地我们在现实里迷失了方向，随之而来的是迷惑、彷徨、痛苦与挣扎。人到了这个时候看山会感慨，看水会叹息，这时的山自然不再是单纯的山，水自然不再是单纯的水。

不少人在人生的第二重境界里走完一生的旅程。即追求一生，劳碌一生，心高气傲一生，最后要么没有达到自己的理想，要么达到理想后发现那并不是自己想象中的美好。

少数人悟到了人生第三重境界：看山是山，看水是水。他们在人生的历练中，对世事、对自己的追求有了一个清晰的认识，认识到"世事一场大梦，人生几度秋凉"，知道自己追求的是什么，要放弃的是什么。这些人这个时候便会专心致志做自己应该做的事情，不与旁人有任何计较。面对芜杂世俗之事，一笑了之，这个时候看山又是山，看水又是水了。

从看山是山，到看山不是山，再到看山是山，人生的轨迹画了一个圈，似乎回到了起点。糊涂了是吗？不糊涂，明白了吗，明白。这是到了高境界境。

活得累，只因不够"糊涂"

总听见有人说："活得太累！"于是乎什么"烦着呢！别理我""养家糊

口太难"，这些话有的被赫然印在各种衫上。实际上，这是一种压抑、烦躁、郁闷心理情绪的表露和展示，表明某些人的确活得累、活得心烦。

究其"人累"的原因，有可能还是事事较真，缺乏"糊涂"意识。比如一个男人谈对象，要把对方的生辰八字问个彻底，这就是累的一种表现；比如做父母，要把别人给自家女的信都拆开检查，这也是累的一种表现；比如当主管，连职员上厕所也要跟去看一看或者别人说句话，你都要颠三倒四琢磨半天，总想从中弄出个"言外之意"，这也是累的一种表现。总之，很多事，非要追其细节，非要搞得入骨三分，循规蹈矩，或是拿着鸡毛当令箭，或是拿着山鸡当凤凰。结果呢？肯定累。

有人说大人物都有些不拘小节，此话不无道理。该清楚的地方不能糊涂，该糊涂的地方当然也不要去搞太明白。有一位社会活动家在谈演讲的体验时说，当你越是清楚地意识到台下都是些专家、学者等权威时，你演讲才能的发挥就会越受到限制；而你越是去淡化这种意识，你的才能就可以得到充分发挥。这就好比有的著名运动员在临场时，越是担心金牌的得失反而越会一败涂地。

通常，人与人之间的交往免不了会产生矛盾，有了矛盾，平心静气地坐下来交换意见，予以解决，固然是上策，但有时事情并非那么简单，因此倒不如把此事看得"糊涂"一点为好。正如郑板桥所说："退一步天地宽，让一招前途广……糊涂而已。"

人活一世，谁都愿自己活得舒心、自由、自在。谁都愿自己活得潇洒、轻松、愉快。谁不愿自己事业蓬勃、财运亨通呢？谁不愿自己成为别人羡慕、有所成就的人呢？那么，不妨就学习一下"糊涂经"吧。

一分"糊涂"，一分洒脱

在网上看到一个这样有意思的帖子：

如果你家附近有一家餐厅，东西又贵又难吃，桌上还爬着蟑螂，你会因为它很近很方便，一而再、再而三地去光临吗？

你一定会说：这是什么问题，谁那么笨，花钱买罪受？

可同样的情况换个场合，自己或许就做了类似的蠢事。不少男女都曾经抱怨过他们的情人或配偶品性不端，三心二意，不负责任。明知在一起没有什么好的结果，怨恨已经比爱还多，但却"不知道为什么，还是要和他搅和下去，分不了手"。说穿了，只是为了不甘，为了习惯，这不也和上面是否光临哪家餐厅问题一样吗？

——做人，不可过于执着，佛家认为，人要成佛，首先得"破执"。简单地说，破执就是破除心中的执着。《金刚经》中有云，"应无所住而生其心。"这句话的意译是：执着是一个人的内心最顽固的枷锁。放下执着，少些计较，就能让心的自然力量释放出来，人也就可以自由地发挥作用。

一个人，身在社会，常常会身不由己，比如终日忙忙碌碌，疲惫的心灵需要宁静的放松，如果只是忙碌会使生活充实而愉快，但不懂洒脱，就会给自己加重负担，使充实而愉快的生活渐渐失去活力，变得沉重、痛苦多了起来。其实，洒脱是人生需要的一种平静，还是在苦涩中品味出的一丝甜蜜。人拥有洒脱，将拥有与天地一样包容世间一切的广阔襟怀。

人有时确立一个目标，或目标过于明晰，反而会成为一种心理负担和精神累赘，从而沉重了前进的脚步，束缚了翱翔的羽翼，相反，此时放弃目标，或将目标删除，学会洒脱处事待人，一身轻松的反而会走得更远，飞得更高。洒脱，是一份难得的心境，诗仙李白在《将进酒》中这样写道：天生我材必有用，千金散尽还复来。这是李白的洒脱。而徐志摩"挥一挥衣袖，不带走一片云彩"的洒脱，同样令世人向往；而"面朝大海，春暖花开"又是另一种洒脱。

洒脱，就像一江春水迂回辗转，依然奔向大海，即使面临绝境，也要飞落成瀑布；就像一山松柏立根于巨岩之中，依然能刺破青天，风愈大愈要奏响生命的最强音。现实中，很多人的生活，也许简单普通，但很幸福，他们不为无谓的事情计较成败得失，让自己滋生一颗烦闷的心；他们也不为现实和理想的差距痛苦，更不要为人生的坎坷、岁月的蹉跎，一蹶不振。诸葛亮说过一句著名的话：非淡泊无以明智，非宁静无以致远。

人只有洒脱，才能活得像荡漾的春风，无时无刻不在感到天地间的勃勃生机；人只有洒脱，才能像汩汩喷涌的青春之泉，为自己的身躯注入无穷无尽的生命活力，让生活因此而散发出永久的芳香。

该糊涂时就糊涂一些吧

在非洲草原上，有一种不起眼的动物叫吸血蝙蝠。它身体极小，却是野马的天敌。这种蝙蝠靠吸动物的血生存。它在攻击野马时，常附在马腿上，用锋利的牙齿极敏捷地刺破野马的腿，然后用尖尖的嘴吸血。此时，无论野马怎么蹦跳、狂奔，都无法驱逐这种蝙蝠。

蝙蝠还可以从容地吸附在野马身上，或吸附在野马头上，直到吸饱吸足，才满意地飞去。而野马却在暴怒、狂奔、流血中无可奈何地死去。

动物学家们在分析这一问题时，一致认为吸血蝙蝠所吸的血量至野马而死是微不足道的，吸血蝙蝠所吸的血量远不会让野马死去，野马的死亡是因为它暴怒的习性和狂奔所致。

细想一下，这与现实生活有着惊人的相似之处。将人们击垮的有时并不是那些看似灭顶之灾的挑战，而是一些微不足道的鸡毛蒜皮的小事。人们的大部分时间和精力无休止地消耗在这些鸡毛蒜皮之中，最终让这些人一生一事无成。

相对于男性来说，女性普遍比较感性，会比较在乎眼前的事情。再豪爽的女子，也有细腻的一面，无论在工作上，生活上还是情感上。

俗话说："三个女人一台戏"，"女人多的地方是非多"。可见，女人与女人之间的相处不是件容易的事，而女人与女人之间的交往，在某种程度上会直接决定和影响着与男人的交往，以及与整个社会的交往。

从某种意义上说，人如果每天都在考虑着那些鸡毛蒜皮的小事，其实就是在将自己贬得一文都不值。所以，不要为那些无谓的小事浪费心神了。那些没用的小事就由它们去吧，人最主要要干大事。

如果你正处于热恋中，不要因为少一个问候电话而大发脾气，更不要凡事捕风捉影，对恋人疑神疑鬼。人应摆正自身位置，热恋固然会让人们找到自己的归属和幸福，但人是需要有自己的空间，自己的生活，所以，不要对自己的另一半吹毛求疵，过于计较一些小事，让两人的感情日渐淡薄，干涉过多只会让人厌烦。

即使结了婚，也应摆正自己。一个男人倘若身边有个粗俗而缺乏教养的女人，成天像个老太婆似的跟他絮絮叨叨，为鸡毛蒜皮的小事与他纠缠不休，就是再有涵养、再有耐心的男人，也会被折腾得心烦气躁，忍无可忍。

人一些信奉"天下熙熙攘攘，皆为名利来往"的商人，如果经常在个人名利、你得我失、挫折失败面前斤斤计较，自怨自艾，长吁短叹，为一些鸡毛蒜皮的小事纠缠不休，烦恼丛生，也做不成大事。

其实，人生的滋味并不只由名利构成，即使没有发财，没有升迁，没有成功，也不必耿耿于怀。与其钻在小心眼的牛角尖里作茧自缚，倒不如豁达一些，简单一些。人生快乐的事很多，何必非得为一点小事而烦恼？

"大肚能容，容世上难容之事；开口常笑，笑天下可笑之人。"这是很多寺庙的进门的对联。它暗示人们，凡事看开一些，心胸宽广一些。

在生活中，会装糊涂的女人总保持着微笑、友善和热情，但是她心里明白，因为不是每个人都可以成为朋友。她希望善待他人，她也在为可能会受到的伤害做准备。她希望每个人都是友善的，如果她的"糊涂"换来真诚，她会开心，如获至宝，如果她的"糊涂"受到了伤害，擦干眼泪的同时会抹去不开心的情绪，因为她做好了受伤害的准备。

也许，有人会在心里发问，一个明明很聪明的女人却硬要装糊涂，会不会很累很痛苦呢？聪明的女人认为不累不痛苦，她们乐在其中，看看她们那充满善意的脸，他人就能感受到她发自内心的快乐。

试想，谁不愿意和一个聪明的女人生活在一起呢？谁不愿意和一个聪明的女人交往？哪个男人不想拥有一个美丽温顺、知书识礼、小鸟依人的贤妻呢？所以，表面"糊涂"的女人是可爱的，因为"糊涂"女人很容易满足，很容易感动，很容易相处，很容易……总之，"糊涂"女人就是比所谓的聪明女人好，因为，"糊涂"的女人实际上是聪明的。

"糊里糊涂"的人受欢迎

人如果有过于敏感的性格，会让他无法与周围的人融洽相处，会给他带来许多不必要的烦恼。

每天下班的时候，李芳都觉得很累，但却不是因为工作，常常是因为同事无意中说的一句话，或领导看她的眼神，这些让她觉得是话里有话，眼神有其他看法。李芳"警惕"了好长一段时间，后来发现同事根本是随便说说，领导也没对她怎样；但李芳仍心事重重。

不久前，因为一时疏忽，李芳在工作上犯了错误，导致自己的部门饱受诟病，主管领导也因此感到颜面无光。接受批评后，李芳做了检讨，也承担了部分损失，但她依然在大家面前觉得抬不起头。尤其让她感到不安的是，以前总是和颜悦色的领导，最近突然严肃冷淡起她来，她不知道这是自己的感觉还是领导仍然责怪她。

一次，她和同事一起到领导屋里汇报工作。一出门，她就问同事："领导今天的话好像特别少。"同事说："没感觉啊。"李芳又说："昨天我下班遇到他，我打招呼他都没理我。""可能是急着走没看见你吧。"同事说。过了几天，领导对李芳态度好了些，李芳这才打消了心中的疑虑。

你是不是也常常处在这样庸人自扰的环境下呢？你是不是常常总觉得周围的人看自己不顺眼呢？如果是这样，你要小心自己是不是犯了所谓的性格过敏症。**人太敏感，就容易想多，把一些简单的事情复杂化。尤其过度地在意细节，这样只能让自己的心理更加难受。其实，"糊里糊涂"的人有时更受欢迎。**不要想太多，让自己的世界透明一些，简单一些。

华灯初上的夜晚，一家格调高雅的茶楼上，一对情侣正在柔和的灯光下慢慢品茶。男子是那样的伟岸，女子一副可爱的模样。男子忍不住轻轻地说了一句："你太可爱了，我的傻姑娘。"女孩儿闻言含情脉脉地看着男子，很迷人的模样。

那些喜欢"糊涂得可爱"的女孩的男人，自然有他的道理：男人最怕女人工于心计、过分尖锐。再成熟的男人，在恋人面前首先也是个小孩，既希望自己爱着的女人给他母爱似的宽容和理解，又希望她有一份童心，能跟自己糊涂地、真实地相处——而与"糊涂"女人在一起，男人会觉得既安全又温馨。

身为女人，或许根本想象不出男人是多么喜欢女人的可爱。有这样一道选择题：财富、美丽、智慧、精明和可爱——如果女性拥有以上条件，男人最欣赏的是什么？网络上的统计令人大出意外；大多数男人都选择了女人的可爱。由此可见，一个女人的可爱能够胜过百万家财，抵得过一个女人的美丽智慧。

"美丽的女人不一定可爱，可爱的女人却一定美丽"，这句话其实就是说美丽只是外在的，而可爱却深入在人骨子里。虽然一个不美丽的女人可以通过整容术，成功改造为一个"人工美女"，但是在男人的眼中，最可爱的女人并不停留在外表上，他们更注重的是女人心灵的美好。

或许一个女人没有可爱的脸蛋和娇气的声音，但也同样可以成为可爱的女子，因为有些可爱是所有女人都可以拥有的，比如，羞涩。

表面上"糊里糊涂"的人，以简单的心态应对外来的一切，实际上，心里并不"糊涂"，只是让外界的事物影响不到自己，这是他们为人处世的应对之策。

生活四大"糊涂"法则

对一个人来说，最大的幸福绝对不是荣华富贵，而是平平安安了，有了矛盾解决矛盾，不能使矛盾扩大化。有些矛盾的来源，是具有不可抗力的，人们无法预知亦无法规避。不过这种类型的矛盾毕竟不多，人生中的矛盾绝大部分是来源于自身。

俗话说：少事是福，多心为祸。很多是非，就是因为一个人多心、多事而引起的。朋友的妻子小敏最近和婆婆闹翻了，起因是为了50块钱。小敏放在桌子上的50元钱不见了，问丈夫拿了没有。丈夫说没有。然后大家就找啊找，还是没有找到。从农村专程赶来帮助小夫妻带孩子的婆婆这下慌神了，婆婆本来就没有拿，但她怕儿媳怀疑自己拿了。婆婆越是怕被怀疑，心里越是发慌。越发慌，就越觉得儿媳在怀疑自己。婆婆心理压力大，趁没人的时候给老伴打电话诉苦。老伴听了，还得了？立即电话儿子，将儿子一顿训斥：你妈妈年龄那么大，大老远地跑来帮你们带小孩，容易吗？请个保姆还要付工资，她不要工资尽心尽责地帮你们，你们还怀疑她拿了你们的50元钱？你不知道你妈妈是什么品性的吗？……一大通话砸得儿子晕头转向。儿子回家，自然要给妻子说道说道。妻子也不服啊："我没有怀疑啊。""没有怀疑？妈妈不干了：你某天说了什么话、某天做了什么事，就是对我不满……"俩人你一言我一语，余下的就不用多说了，惯常的家庭矛盾就是这样开启帷幕的。

后来，婆婆一生气回了老家，离开了疼爱有加的小孙子。儿子儿媳没办法，只得雇保姆来照看孩子。其实，很多家庭的矛盾就是因为这样一些琐碎事情引起的，公说公有理，婆说婆有理。像这个例子中，似乎谁也没错。要说错的话，他们又都有错。儿媳错在不见钱了，可以装"糊涂"——不就50块钱吗？或许是自己记错了或者掉在个角落一时没找到。即使要追究，也应该考虑到避开婆婆，单独问自己的丈夫。所以，儿媳错在小事转成大事。而婆婆错在多心。本来没有拿，也没有人怀疑你，何必自己老觉得不自在呢？不如"糊涂"一点。此外，儿子和公公的一些做法，都有值得商榷的余地，在此就不再一一分析。

人与人的交往免不了会产生矛盾。有了矛盾，平心静气地坐下来交换意见予以解决，固然是上策。但有时事情并非那么简单，因此倒不如"糊涂"一点为好。有时，"糊涂"可给人们带来许多好处：比如，可以减去生活中不必要的烦恼。在我们身边，无论同事、邻居，甚至萍水相逢的人，都不免会产生些摩擦，引起些气恼，如若斤斤计较，患得患失，往往越想越气，这样于事无补，于身体也无益。如做到遇事"糊涂"些，自然烦恼就会少得多。人们活在世上只有短短的几十年，却为那些很快就会被遗忘了的小事烦恼，实在是不值得的。

再比如则，糊涂可以使人们集中精力于事业。一个人的精力是有限的，如果一味在个人待遇、名利、地位上兜圈子，或把精力白白地花在钩心斗角、玩弄权术上，就不利于工作、学习和事业的发展。世上有所建树者，都有"糊涂功"。清代"扬州八怪"之一郑板桥自命糊涂，并以"难得糊涂"自勉，其诗画造诣在他的"糊涂"当中达到一个极高的水平。还有，糊涂有利于消除隔阂，以图长远。《庄子》中有句话说得好："人生大地之间如白驹之过隙，忽然而亡。"人生短暂，不必为区区小事而耿耿于怀，即使"大事"，别人有愧于你之处，糊涂些，反而能感动人，从而改变人。第四，遇事糊涂也可算是一种心理防御机制，可以避免外界的打击对本人造成心理上的创伤。

郑板桥曾书写"吃亏是福"的条幅。其下有云："满者损之机，亏者盈之渐。损于己所彼，外得人情之平，内得我心之安。既平且安，福即在是矣！"正基于此念，才使得郑板桥在被罢官后，骑着毛驴离开官署去扬州卖书。

人如果能自觉地使用"糊涂"心理防御机制，可以避免或减轻精神上的过度刺激和痛苦，维持较好的心态，避免陷入矛盾之中。

糊涂的高明之处

丁是丁，卯是卯，许多人总爱认这样一个死理儿，即：为人必须是非分明，爱憎分明，千万不能"和稀泥"！

是的，混淆是非，牺牲原则，当然是不对的。只可惜在日常普通人的生活和工作当中，够得上原则问题的事情恐怕实在不多，大量的都是非原则性的一般事件。

"水至清则无鱼，人至察则无徒"。一个人太较真了，就会对什么都看不惯，连朋友都容不下，会把自己同社会隔绝开。镜子很平，但在高倍放大镜下，就好似凹凸不平的山峦；肉眼看很干净的东西，拿到显微镜下，满目都是细菌。试想，如果我们都戴着放大镜、显微镜生活，恐怕连饭都不敢吃了，连东西都不敢用了。所以，用放大镜去看别人的毛病，恐怕没有谁不是有问题的。

人非圣贤，孰能无过。与人相处就要互相谅解，经常以"难得糊涂"自勉，求大同存小异，有度量，能容人，这样才会有许多朋友，才能团结人，诸事遂愿；相反，"明察秋毫"，眼里不揉半粒沙子，过分挑剔，什么鸡毛蒜皮的小事都要论个是非曲直，容不得他人，人家就会躲你远远的，最后，只能关起门独自相处。古今中外，凡是能成大事的人都具有一种优秀的品质，那就是能容人所不能容，忍人所不能忍，善于求大同存小异，团结大多数人。这些人极有胸怀，豁达而不拘小节，大处着眼而不会目光如豆，也不斤斤计较，纠缠于非原则的琐事。

不过，要真正做到不较真儿，也不是一件简单的事，需要有良好的修养，不但要有善解人意的思维方法，要从对方的角度考虑和处理问题，多一些体谅和理解，还要有胸怀。比如，有些人一旦做了官，便容不得下属出半点毛病，动辄横眉立目，下属畏之如虎，时间久了，必积怨成仇。实际上，若调换一下位置，设身处地为对方着想，也许一切都会迎刃而解。何况，做官者不也是从"下属"升上来的，干吗刚当个小官就这么不容人呢？

在公共场所遇到不顺心的事，尽量不要生气。素不相识的人冒犯你肯定事出有因，只要不是侮辱人格，就应宽大为怀，不必在意，或以柔克刚，晓之以理。总之，跟萍水相逢的陌路人较真儿，实在不算是什么聪明人做的事。

清官难断家务事，在家里更不要去较真儿，否则就愚不可及。老婆孩子之间哪有什么原则立场的大是大非问题。都是一家人，非要用"你死我活"的眼光看问题，分出个对与错来，那又有什么用呢？人们在社会上充当着各种各样的角色，不管是恪尽职守的国家公务员、精明体面的商人，还是广大的工人、职员，但一回到家里，角色就是家人，假如你在家里还跟在社会上一样认真、一样循规蹈矩，每说一句话、做一件事还要考虑出个对错，还要顾忌影响和后果，掂量再三，那不仅可笑，也太累了。所以，处理家庭琐事要采取"糊涂"政策，一动不如一静，大事化小，小事化了，和和稀泥，当个笑口常开的和事佬。

处处精明不如难得糊涂

在日常交往中，有一类非常"精明"的人，他们处处要显得比别人更加神机妙算，更加投机取巧。他们总在算计着别人，以为别人都比他们傻，从而可以从中揩点油，占点便宜。好像他们这样做就会过得比别人好，北京话把这种人做事称作"积贼"。这种人因为功利心太重，把功利当作人际关系的首要，所以他们生活过得很累，很紧张，很缺乏乐趣。

由于他们常想着算计别人，占别人的便宜，肯定也会产生相应的防范心理，即别人也可能在算计他，要侵占他的利益，所以，他是处处提防，时时警惕，小心翼翼过日子。别人很随意说的一句话，干的一件事，也许什么目的也没有，但这些过于"精明者"就会在心里受到刺激，晚上回家躺在床上也要细细琢磨，生怕别人有什么谋划会使他吃亏。因为这样，他在处理人际关系上就做得不诚实，不大方，甚至很做作。比如，我们碰到过的许多生活中的精明者，性情都不开朗，说话办事虚假，神经过敏，这恐怕和他们常常过那种紧张日子有直接的关系。

其实，真正聪明的人都知道，做人不能精明过头，生活毕竟不会如战场那样明争暗斗，杀机四伏，总需要些温情和睦，无功无利的关系，所以，没有必要过于凡事斤斤计较、精打细算，反倒是随遇而安、吃点亏的好。

的确，过日子有时需要精打细算，才能把日子安排得既合理，又过得舒服。同样的收入，糊涂人过得就和过分聪明的人不一样。因为，过于聪明，处处显得计较，甚至在人际关系中也玩这一套，就显得失当了。这样的人，很难和人搞好关系，很难讨人喜欢。所以，即使他们在物质上比他人似乎暂时多享受点，但在精神上付出的代价则更大，人要是真聪明，就得算算这笔账是否值当。

如果想要把日子过得舒服一些，光靠东捞一点、西占一点，靠算计别人发财是徒劳的。我们日子过得轻松愉快，很大程度上要靠苦干、勤劳干，真诚、信赖、友好待人，碰到他人难处互相帮助，自己有了好处向大家分享。这种要求告诉我们，每一个人在个人利益上都不必太"聪明"，不必担心自己会失掉些什么。相反，大家互相谦让，互相奉献，互相让利，关系融洽和睦，比什么都容易让生活过得更好。表面糊涂的人容易和大家成为朋友，因为大家可以与他正常相处，相处时由于少有功利，多有温情，不必处处抱有戒心，有安全感。而太精明的同事或朋友，总让人觉得不可靠，需要防。当然，人们需要周围的人聪明、机智，但不是过分精明，计较。

人可以不要过分精明，但应有智慧。生活中，许多人并非真的是在糊里糊涂过日子，而是不想为过于精明所累，这其间是因为有大智慧。一个真正聪明的人不会患得患失，也不会囿于世俗中的鸡毛蒜皮之事而无法自拔，他们心胸开阔，为人豁达，日子不仅过得有意思，而且有价值。

第三章

糊涂些，会悠然自得

在谈到人生哲学时，有位智者说过一段这样的话："人生如同美国的西部牛仔片。在嘈杂的酒吧里，恶徒坐着喝酒，流氓拼命打架，而弹琴的人则在这个混乱险恶的处境中照弹不误。你得学会这琴师的本事，不管人生酒吧里发生了什么事，你都要弹你的曲子。"

确实，在混乱的环境中，保持自己悠然自得的心境，没有一定的"糊涂"功底是无法做到的。我们生活的旋律，太容易被外界所干扰。只有对外界的干扰"迟钝"一些、"糊涂"一些，才能够让心找到自由之路。

千金难买我高兴

有一天，一个朋友慌慌张张地跑来对美国作家爱默生说："预言家说，世界末日就在今晚！"

爱默生望着他，平静地回答："不管世界如何变化，我依旧照自己的方式过日子。"

爱默生的回答十分耐人寻味，他面对动荡不羁的人生采取的是一种糊涂的态度，并从中获得了快乐。

爱默生的糊涂生活态度，说明在世上想要享受真正的生活，一定不要在乎那些自己所无法掌控的坏消息。就算世界末日真的会降临到你的身上，你也无须担心。因为它要来你并能阻止它。

就像某位哲人所说的："我们不需要恐惧死亡，因为事实上我们永远不会碰到它。只要我们还在这儿，它就不会发生，当它发生时，我们就不在这儿了，所以恐惧死亡是没有意义的。"

有天下午，周艳正在弹钢琴，7岁的儿子走了进来。他听了一会儿说："妈，你弹得不怎么动听！"

不错，是不怎么动听，不过周艳并不在乎。多年来周艳一直就这样不动听地弹着，千金难买她高兴。

周艳也曾热衷于唱不动听的歌和画不耐看的画，从前还自得其乐于自己蹩脚的缝纫。周艳在这些方面的动手能力确实不强，但她不以为耻，因为她不是为他人而活着，她认为自己想做什么就去做什么，与他人无关。

生活中的人们常常很在意自己在别人的眼里究竟是一个什么样的形象。因此，为了给他人留下一个比较好的印象，总是事事都要争取做到最好，时时都要显得比别人高明。在这种心理的驱使下，人们往往把自己推进了一个永不停歇的痛苦循环中。

事实上，人生活在这个世界上，并不是一定要压倒他人，也不是为了他人而活着。人活在世界上，所追求的应当是自我价值的实现以及对自我心灵的珍惜。不过值得注意的是，一个人是否能实现自我，并不在于他比别人优秀多少，而在于他在精神上能否得到幸福和满足。只要人能够得到自己认为的幸福，那么，即使表现得不出众也没有什么。在这方面，许多人都应向上面故事中的周艳学习。

多为自己找欢喜

当坎坷和挫折接踵而来，一次次落在你的身上时，你是否觉得自己是这个世界上最不幸的人？当你的生活屡遭磨难，你是否觉得忧愁总多于欢喜？其实，欢喜只是一份心情、一种感受，就看你如何去寻找。

实际上，那些唱着歌昂首阔步走路的人，那些怀着渴望尝试许多生活的人，又有几个不背负着沉重的压力？只不过他们将自己的泪和悲伤掩藏起来，将欢喜的一面展现给别人，让人觉得他们生活无忧无虑，是世界上最快乐的人，而他们也从这种快乐中真正获得了心灵上的轻松。

很多长长的街，那些卖瓜果、冷饮、蔬菜的小贩，有的大声地吆喝着；有的就靠在小树旁独自小憩；有的捧着一本书有滋有味地读着，全然没有忧郁和叹息。他们一定生活得比我们艰难和沉重。如果遇到坏天气，或许他们没有一分钱的收入，如果有什么意外，他们也必须独自去承担。但是，即使住在低矮的、高价租来的房屋中，依然有喷香的佳肴经他们的手烹制出来，依然有快乐的歌声在小屋中飘荡——那是他们对生活无言的抗争和表达自己的热爱方式！即便是这样，他们苦中作乐、朝不保夕的生活，也给了他们一些别人所没有的东西，那就是劳作后的欢欣。

当外界种种困厄侵袭单薄的你时，当你悲天悯人、想帮助他人时，为什么不自己给自己制造一份欢喜？

你可以看看云，望望山，散散步，写几首小诗，听一首激昂的歌，把忧伤留给过去，假如从这里所得到的快乐远不能使你摆脱生活的沉重，你不妨在心里默默祈祷，并坚信你就是这个世界上最快乐的人。天长日久，一旦在心中形成了一个磁场，并逐渐强化它，尽心尽力做好每件事，就能让自己从平凡的生活中得到丝丝欢喜，慢慢你真的就觉得自己这个世界上最快乐的人了。

自以为欢喜，并自欺欺人，只是对平淡、无聊，甚至不如意的生活的一种积极抗争。一个人如果一味地沉湎于忧愁的心境，总觉得自己比别人差，处处不顺心，怨天尤人，怎么能够让生活五彩缤纷，获得生活的乐趣呢？尽管外界可以剥夺许多诱惑你的东西，或身处逆境不免心情沉闷。但是，如果你能积极创造生活，体悟生活中的欢喜，还有什么能阻挡你勇往前进的步伐呢？

人生如同美国的西部牛仔片。在嘈杂的酒吧里，恶徒坐着喝酒，流氓拼命打架，而弹琴的人就在这个混乱险恶的处境中照弹不误。你得学会这琴师的本事，不管人在酒吧里发生了什么事，你都要弹你的曲子。

客居异乡，当你每每觉得无聊苦闷时，可以上街去看那些平凡的人和事。忙忙碌碌的人群，新奇鲜艳的商品，绿树如荫的小道，嬉戏玩闹的孩童，随处可见的小贩。你会渐渐参透：每个生活在世上的人其实都不容易，但是却没有一个人止步不前——因为生活的欢喜是要自己去寻找的。

糊涂地笑对生活

有这样一种颇为精妙的说法："婚前的女人是百灵，婚后的女人是麻雀。"很多男人在结婚前，都坚信自己的妻子一定是百灵鸟，可是结婚后才发现妻子像麻雀。

张华结婚不到八年，就完全尝到了一个女人从一只百灵转化为麻雀的苦恼。张华是位老师，平常爱写点"豆腐块"，往各家报纸杂志投稿。写文字，最渴望的环境当然是宁静，可是，每每刚坐下来，妻子的唠叨声就不绝于耳，像只叽叽喳喳的麻雀，扰得他心烦意乱，文章常常写不下去。

后来，张华就想了一招，他知道妻子早上不爱早起，就自己早上偷偷爬起来，静静穿好衣服，蹑手蹑脚走出卧室，来到客厅，打开电脑开始写作。

那是他一天中唯一安静的时候，唯一没有唠叨乱耳的时候。可是，还没等他敲几百字，隔壁就传来了妻子的唠叨："天天晚睡早起，写什么惊世骇俗之作！没你，文坛照样长青。"

张华的火气也来了，大声说："你能不能消停一次？能不能少说一句？我早晚要被你的唠叨声折磨死……"说着关了电脑，没吃饭就上班去了。

如果这个时候张华的老婆能够表现出糊涂，结果就会截然相反的。因为适时糊涂，可让女人散发无限魅力。夫妻就不会有争执，有矛盾了。

所以，如果你觉得妻子身上有个毛病让你难以忍受，如果丈夫做错了一件事，如果一个朋友惹你生气了，如果姐妹忘记了你生日……你对他们的意见，他们的抱怨，只要说一遍就停止吧。一遍，他们也许还能够忍受，再说，他们也许就要爆发了。如果你不想听到他人大发雷霆，说受够了你的唠叨，那么就要学会适时闭嘴，考虑一下他人的感受。也可能，你不说那么清楚，他们反而会意识到自己的问题，自觉地改掉你所不喜欢的习惯。

和男人相比，女人更容易满足，所以应该是更容易快乐的。但问题在于，女人也更敏感更脆弱，更容易担心，所以她们又不那么容易快乐。其实，开心与否，只在乎你的心怎么看待。快乐是一种心境，这种心境是朴实的，存在于生活的点滴中。比如一个微笑、一声问候、一个会心的眼神……都是让人感到快乐的事。

在社交场合，微笑的价值体现得更加淋漓尽致，没有什么比它能更迅速地缩短人与人之间的距离了。它是最有益于人际交往的面部表情，没有什么东西能比一个阳光灿烂的微笑更能打动人的了。它能使人产生一种安全感、亲切感、愉快感。当你向别人微笑时，实际上就是以巧妙、含蓄的方式告诉他，你没有敌意，你喜欢他，你尊重他，他是一个受欢迎的人。这样，在给予别人温暖与鼓励的同时，你也就容易博得别人的尊重与喜爱。

只是，你为什么难以做到保持笑脸呢？因为我们的生活中确实不可能一帆风顺，难免会有伤痛和挫折，人生常常浸泡在痛与苦中。但既然一次次心痛、经历一道道伤痕、掉过一遍遍泪水，那何必不坚强呢，绽放一个灿烂的笑脸给命运看，让灿烂的阳光可以带你走出生命的阴霾。

没有谁不遭受挫折与磨难的人生。每个人都要经历风风雨雨，怎么去看待这些风雨和变数，决定了你以后的人生。在经历痛苦的时候总会有一些朋友给予你关心和照顾，用酸甜苦辣来充实你的人生，这些都是你应该看到的快乐与幸福。人生在世，不要让自己短短几十年的光阴在自己悲叹中度过，而是要以一种乐观积极的心态去寻找快乐。这样才能让自己过得更有意义。所以不要把自己的快乐封闭，让自己真正成为一个快乐的女人吧。

有位老太太患了一种十分疼痛的疾病，老头子用什么办法都无法解除她的痛苦。最后，老头子采用唱歌的方法，十分灵验。因为老太太特别喜欢唱歌，音质很好，年过花甲还同童声一样清澈。老头子就每天学新歌唱给老太太听，老太太一听就喜欢上了，心态平静，还跟着唱，唱得忘记了身体的痛苦。

后来，老太太的病好了，唱歌的习惯却一直保持了下来。有时候他们在自家唱，有时候到楼下休闲处唱，有时候还一个在楼上一个在楼下唱情歌。有一次，他们逛街时遇到一对两夫妻打架，他们就满脸笑容地站在一旁唱"甜蜜蜜……"，唱得对方住手且表示永远不再打架为止。

他们还参加超级明星唱歌大赛。他们的笑容和快乐感染了邻里其他的老人，大家也跟他俩一块唱和乐。看到老头子髯须飘飘、老太太鹤发童颜的快乐样子，每个人都会深受感染。

俗话说，只有划着的火柴才能点燃蜡烛，同样，只有充满快乐的人才会把自己的良好情绪传染给别人，激发对方的快乐。

那些明星，为什么要求化妆师给她们化"笑容妆"呢，因为几乎所有人，笑起来都比不笑好看。所以，做一个爱笑的人吧，在灰暗单调的生活底色中，也许有一天你会发现，我们最终渴求的也许只是一张笑脸。所以，何不就从自己做起，做一个带笑脸的人，给周围的人一张灿烂的笑脸呢？

装糊涂有时是一种高明手段

你怎样待人，别人也会怎样待你。你与人为善、真诚待人，别人通常也会反过来如此待你。

在一个漆黑的夜晚，一个惯于抢劫的男子盯上了一位妇女，并尾随她在一个偏僻的小车站下了车。此时，夜深人静，他准备就在那里伺机下手，快到车站，他紧走几步就赶上了这位妇女。

不料，这位妇女突然转过身来，以十分诚恳而信任的口气对他提出请求说："天黑人少，一个单身女子赶路太不安全了，我很高兴能在这里碰到你，请你护送我一段路程，好吗？"

这位妇女的举动，使准备抢劫的男子一时不知所措，他很茫然地点头答应了。

一路上，妇女把他当作熟人一样聊着天，丝毫没有把他当成歹徒加以防备的意思。这个原想作案的男子，不知不觉地将她一直送到了家门口，而始终没有采取任何行动。

其实，这位妇女情急之下，运用的就是"装糊涂"的方法。她假装不知道男人的意图，真诚地寻求帮助，结果使自己避免了一场灾祸。她虽用的是一着险棋，但最终她赢了，你能说她真糊涂吗？

人生在世，难得糊涂。有些时候"糊涂"是假的，装糊涂的人并不是真糊涂。他们心里明白，这是生活的智慧之一，有时只有"装糊涂"，才能达到自己目的，而且"糊涂"还得"装的"恰到好处。

毕业后，阿曼只身来到北京。在一家公司做职员时，有一个姓刘的大姐，也是个普通的职员，对她非常热情，经常嘘寒问暖，比如问她习不习惯这里的环境呀？有没有什么困难呀？而且还几次请阿曼到她家吃饭。阿曼感觉刘大姐像她的母亲，让她这孤独的游子，在北京这块举目无亲的土地上，感受到温馨的人情味。

后来，阿曼发现刘大姐不仅对她一个人这样，对许多新来的同事都是如此。谁有困难，第一个出现的一定是她；谁家有事，她一定热情相助。有人说她太傻，这样做有什么好处？一年后，公司的后勤部长改选，她以绝对优势的票数当选，一跃成为公司的高级领导。

真诚的关爱就好像一种回音。你送出什么，它就回送什么；你播种什么，它就收获什么；你给予什么，就得到什么；你关爱谁，谁就关爱你。

而琳达虽是职场新人，心里明白职场的"残酷"，有时也会装装"糊涂"

有一次，她请一个客户吃饭。那人很贪心，饭桌上说些不当之词，还表示出想占她便宜。琳达并不明说。

后来，对方很直接地说："我很欣赏你哦，我们找个安静的地方沟通一下吧。"

琳达开始装糊涂："哦，好呀！"

于是，他们换个幽静的地方吃饭。还没开始聊，对方就有了一些要求。先是要求琳达坐近一点，然后要求坐在同一个方向。

琳达也不慌张，故意说："为什么要坐那么近呀？你不会是想打我主意吧！"

对方说："我很喜欢你，你喜欢我就好呀！呵呵……"

琳达说："我认识你不长，不了解你呀，再说我会吃亏的哦！"

对方说："你怎么会吃亏呢，以后我还有好多生意要给你做的呀！"

琳达说："喜欢是喜欢，生意是生意……"

对方不说话了，琳达又说："慢慢来吧！我很笨的！"

琳达就是采取了装糊涂，其实，人人都会装糊涂，只不过有些人装糊涂的功力会高明一些，装糊涂也需要人们不断地修炼和完善。只要内心是与人为善，出发点是利人利己，保护自己，不让他人受伤害，装装糊涂也是可以解决很多问题的，甚至可以让生活充满惊喜。

交友"糊涂术"

一个人如果拥有敏锐的洞察力，能准确地、全面地了解一个人，这是他的一大优点。假如能针对不同的人，采取不同的交友方法，智商、情商就都是很高了。可有些人因为太明白，觉得洞察了他人的缺点，于是对他人横挑鼻子竖挑眼，这种"洞察力"实际上就会给自己带来矛盾、问题。

《大戴礼记·子张问入官》中有云："水至清则无鱼，人至察则无徒"。意即水太清，鱼就存不住身；对人要求太苛刻，就没有人能当他的朋友。

每个人都有缺点，甚至有一些见不得人的阴暗心理。因为人都是凡人，都有人性的弱点，在与人交往时，要懂得"糊涂之术"。交友的"糊涂之术"，简单来说有以下几个要点。

其一为不责小过。不要责难别人的轻微的过错。人不可能无过，不是原则问题不妨大而化之。"攻人之恶毋太严，要思其堪受。"意思批评朋友不可太严厉，一定要考虑到对方能否承受。在现实中，有的人责备朋友的过失唯恐不全，抓住别人的缺点便当把柄，处理起来不讲方法，只图泄一时之愤。比如，几个朋友同室而居，其中一个常常不打扫卫生，常常不打开水，另一个就常常在他人面前说那人的坏话，或发牢骚。久而久之，传入那人的耳朵中，室内的气氛会越变越坏，两个人开始冷战，使得同寝室的人都不得安宁。这就属于是因小失大。

其二是不揭隐私。隐私是长在一个人的心上的痛楚，你一揭就会让别人心口出血。不要随便揭发他人生活中的隐私。揭发他人的隐私，是没有修养的行为。人都有自己不愿为人所知的东西，总爱探求别人的隐私，关心别人的秘密，不仅庸俗，而且让人讨厌，这种行为本身就是对朋友人格的不尊重，也可能给自己惹来意外的灾祸。假如朋友告诉你他心之所思，你更该为其保密，他既然这么信任你，那么你一定要学会珍惜这份友情。对于朋友的秘密，三缄其口并非难事，就像朋友的东西寄放在你那儿，你不可以将它视为你的，想用就用。想一想，你自己一定也有隐私，"己所不欲，勿施于人"。

其三为不念旧恶。不要对朋友过去的错误耿耿于怀。人际间的矛盾，总会因时因地而转移，时过境迁，总把思路放在过去的恩怨上，并不是什么明智之举。记仇的朋友是可怕的，他不一定会在什么时候，记起你对他犯下的错误，也不定在什么时候，他会报复你一下，以求得心理上的平衡。

所以，与朋友交往，学会忘记在一起时的不快和口角之争，下次见面还是好朋友。还有，就是对于朋友生活、工作中的习惯，要给予尊重。如果说，在朋友做人中所出现的失误，你尚可以埋怨一二，但是，对于他的个人习惯，你再挑三拣四就不是可原谅的了。每个人都有不同的特点，不可能与你相同，尊重朋友的习惯是最起码的要求。

《菜根谭》中说："地之秽者多生物，水之清者常无鱼，故君子当存含垢纳污之量，不可持好洁独行之操。"一片堆满腐草和粪便的土地，才能长出许多茂盛的植物；一条清澈见底的小河，常常不会有鱼来繁殖。君子应该有容忍世俗的气度，以及宽恕他人的雅量，绝对不可自命清高，看不起他人而使自己陷于孤独。

第四章

生存之本是随其自然

人的一生，如同在江河中泅渡。身边有时是惊涛拍岸卷起千堆雪，有时是长沟流月来去无声……一味地强渡抢渡，最容易陷入举步维艰、事倍功半的境地。而如果你懂得了"随字诀"，对于人生的各种变故与问题就不会那么手足无措，大可以在轻松中化解。

所谓"随"，不是跟随，而是顺其自然，不躁进、不强求、不过度、不怨恨。《道德经》中有"人之生也柔弱，其死也坚强；草木之生也柔脆，其死也枯槁"，一语道破了顺其自然的根本理由是为了生存。柔与刚是相辅相成的。坚硬的东西通常都易受损、易碎、易灭失。而"柔弱者，生之途；坚强者，死之途"，因此，生存之本是顺其自然，为人处世，亦是如此。

所谓"随"，不是随便，不是随波逐流，是一种有智慧的勇敢。随时怀着坚定的信念，顺天道、识大体、持正念、择正行，在顺应中努力，在屈中求伸。糊涂真功，"随"是第一课，心态放随和了，处事就柔和了。能进则进，当止就止，于不经意间收获丰富的人生。

"建功立业者，多虚圆之士"

船体为什么要设计成圆弧形而不是方形呢？那是为了减少航行时所遇到的阻力，以更快、更省力、更稳定地到达目的地。人生之旅也如舟行大海，处处有风险、时时有阻力。所以，要前进就一定会遇有阻力，而人能做的只有尽量减少阻力。怎么减少？向船学习，学习它的"形圆"。

《菜根谭》中说："建功立业者，多虚圆之士"。意思是建大功立大业的人，大多是能谦虚灵活的人。而事业失败、错失良机者，必然是顽固褊狭的人。"虚圆"就是不囿于既有的价值观与固定观念，能接受任何事物的能力，这么一来，不论情势如何变化，都能灵活应对。而固执自己狭隘见解的执拗者，却做不到这一点，倘若是思考与行动皆生硬僵化之人，也是很难在人生的舞台上做到游刃有余的。

我们老祖宗历来推崇"方圆之道"，认为"方为做人之本，圆为处世之道"。所谓"方"，指的是一个人内心要有自己的主张和原则。所谓"圆"，指的是一个人外在应该没有棱角，融通老成。

东晋元老重臣王导，晚年纵情玩乐不理政事，令朝廷官员怨声迭起，大家都说他年迈糊涂，百无一用。但王导却说："人言我愦愦，后人当思此愦愦。"意思是说：现在有人说我昏聩无能，但后人将会因我现在的昏聩无能而感激我。此话怎讲？

原来，王导所处时代，大批北方人迁居南方，在给南方带来先进的生产力的同时，也因为文化冲突等因素带来了秩序上的混乱。不仅是下面局势乱，朝廷也好不到哪里去。东晋立国之初，皇帝如走马灯似的换来换去。权臣之间互相倾轧，士族与庶族矛盾重重。如此多的矛盾纠葛在一起，王导剪不断、理更乱。他只要宣布任何有偏袒性的政策或做一丝有偏袒性的举动，都有可能引起矛盾的激化。而矛盾一激化，根基不牢的东晋新政权所能掌控。王导只好稳坐钓鱼台，无为而治。等各种矛盾在斗争中达成平衡后，东晋的政权就回不稳定了。而王导死后，东晋有了中兴之气象。后世史学家评论王导是一个明白的官员。

道家思想的核心是"无为"。在老子五千字的《道德经》中，就有十二处提到"无为"。值得注意的是：老子所谓的"无为"，不是"无所作为"，而是顺应自然，不妄为的意思。唐末五代道士杜光庭认为："无为者，非谓引而不来，推而不去，迫而不应，感而不动，坚滞而不流，卷握而不散也。谓其私志不入公道，嗜欲不枉正术，循理而举事，因资而立功，事成而身不伐，功立而名不有。"

老子曾经赞美水说：上善若水。他认为水有七种美德（七善），其中有两种分别为"事善能""动善时"。前者的意思是：处事像水一样随物成形，善于发挥才能；后者的意思是：行动像水一样涧溢随时，顺应天时。由此可见，道家的无为，实质上是指遵循事物的自然趋势而为，即凡事要"顺天之时，随地之性，因人之心"，而不要违反"天时、地性、人心"，凭主观愿望和想象行事。

"春有百花秋有月，夏有凉风冬有雪：若无闲事挂心头，便是人间好时节。"这首诗出自一位禅师。意即大自然非人力所能为，却一年四季各应其时，各有其美。与自然之美，生命之美相比，其他种种不过是闲事罢了。

随和一些，水自漂流云自闲，花自零落树自眠。世间热闹纷扰，你抽身而出，不为利急，不为名躁，不冲动，不盲目，进退有据。这样的人生，何尝不是一种幸福的人生？

习惯失去，随遇而安

唐代著名文学家柳宗元在一篇杂文中写到过一种叫蝜蝂的小虫，它非常善于背东西，行走时遇见东西就拾起来放在自己的背上，高昂着头往前走。它的背比较粗糙，堆放的东西一般是掉不下来的。由于蝜蝂不停止的贪婪行为，最后背上的东西越来越多，越来越重，终于累倒在地上。

人一无所有来到这个世界，又赤手空拳地离去。即使一生拥有很多，离开时也带不走任何东西，人经历童年，少年、青年、壮年、老年。在不断得到的同时，其实也在失去。所以说人生获得的本身也是一种失去。

人生在世，有得有失，有盈有亏。有人说得好，你得到了有名的声誉或高贵的权力，同时就失去了做普通人的自由；你得到了巨额财富，同时就失去了淡泊清贫的欢愉；你得到了事业成功的满足，同时就失去了奋斗的目标。

我们每个人如果认真地思考一下自己的得与失，就会发现，在得到的过程中也确实不同程度地经历了失去。其实，人的一生就是一个不断地得到又不断地失去的过程。一个不懂得什么时候该失去什么的人，是可悲的人。因为一直以为能得到的人，就会像什么都舍不得放下的守财奴，总有一天累倒在地爬不起来。

俄国著名诗人普希金在一首诗中写道："一切都是暂时，一切都会消逝；让失去的变为可爱。"居里夫人的一次"幸运失去"就是最好的说明。1883年，天真烂漫的玛丽亚（居里夫人）中学毕业后，因家境贫寒没钱去巴黎上大学，只好到一个乡绅家里去当家庭教师。她与乡绅的大儿子卡西密尔相爱，就在他俩私下计划结婚时，却遭到卡西密尔父母的反对。这两位老人虽然深知玛丽亚生性聪明，品德端正。但是，贫穷的女教师怎么能与自己家庭的钱财和身份相匹配？父亲大发雷霆，母亲几乎晕了过去，卡西密尔只好屈从了父母的意志。

失恋的痛苦折磨着玛丽亚，当时她曾有过"向尘世告别"的念头。但是她毕竟不是平凡的女人，她放下情缘，刻苦自学，并帮助当地贫苦农民的孩子学习。几年后，她与卡西密尔进行了最后一次谈话，她发现卡西密尔还是那样优柔寡断，她终于决定结束这段感情，去巴黎求学。这一次，"幸运的失恋"虽然失去，但她个人的历史却重写了，她成为世界上一位伟大的科学家。

天下事，岂能尽如己意？当一个人学会习惯于失去，往往能从其中获得更多。懂得失去，人生则少有挫折，感恩收获，人会走向成熟，从狭隘走向博大。

得未必得，失未必失

你是否注意过，你的痛苦是怎么来的，什么样的情况让你觉得郁闷不乐呢？是不是你想要得到某些东西，但却得不到，于是你愤恨、嫉妒、气急败坏？抑或是你不想失去什么，却偏偏失去，于是你变得沮丧、挫折、怨天尤人？你既担心得不到所要的东西，又害怕失去自己所拥有的。得失之间，内心忐忑，心慌意乱？

其实，任何事物都是一样——有得必有失，有失必有得，得失都是相对的。当你失去某些东西，就会得到另一些东西；当你想要得到某种东西时，你也会失去另外一种东西。

一对经常吵嘴的夫妻，有一天一起出游，经过一个小湖。太太看到湖上两只鹅恩爱地相依偎在一起，就感慨地说："你看，它们多恩爱呀！"

丈夫听了，默不作声。

到了下午，这对夫妻回家时，又经过那小湖，依然看见两只鹅在湖面上卿卿我我，真是令人羡慕！

此时，妻子又开口了："你要是能像那只公鹅一样体贴温柔，那就好了。"

"是啊！我也希望如此啊！"丈夫指着湖面上的那一对鹅说，"不过，你有没有看清楚，现在那只母鹅，并不是早上那一只哦！"

任何事物皆有"互为因果"的关系。今天某件看起来"得"的事物，可能已经种下明天另一件事物"失"的因子。相对来说，明日之"失"，也可能是后日之"得"。

比方，今天有人中了大奖，或升了官，发了财，看来是件值得欢喜的事；然而，谁晓得这种种幸运也许会成为明天痛苦的因缘？譬如说，因为有了钱，引来盗匪或亲友的觊觎，甚至酿成杀身之祸；或是因为有了钱，做更大的投资，到最后反而弄得血本无归，家破人亡。

得失，其实是很难有定论的。曾听过一则故事——

西方有这样一个故事：有一个显贵要人到一家精神病院参观，院里的护理长逐一地向他解说每一位病患的状况。其中有一位病人手中握着一张照片，一边哭一边用头撞墙壁。

显贵要人问："这个人怎么啦？他发生了什么事？"

护理长说："他以前曾深爱过一个女人——就是他手里一直握着的那张照片上的女人，不论醒着或睡时，都不肯将照片放下。但是那女人却嫁给了别人，所以他疯了。"

显贵要人说："真是令人感伤的故事。"

这时隔壁房间有一个人正用头撞墙。官员问："天啊！他又是怎么回事呢？"

护理长说："他就是娶了那个女人的人！他发现那个女人身上有很多他不能接受的东西，神情抑郁，老想自杀，所以也被送进了咱们院里。"

这个故事说明了"得未必得，失未必失"的道理，不是吗？

西哲说：黑夜会使眼睛失去作用，但却能使耳朵的听觉更为灵敏。一个人，即使你失去所有身外的价值时，也别忘了你还有生命的价值。

亦此亦彼、互相依存

什么是得？得到娇妻是得吧，但是在你得到的同时，意味着你要失去单身时代的无拘无束。得到一份满意的工作是得吧，但是也意味着你失去进入其他更好工作的机会……世界上任何一个得到，必然伴随着失去。同理，世界上任何一个失去，也意味着会重新得到。其实，得与失之间是亦此亦彼、互相依存、互为转换的关系，"塞翁失马"寓言中，已经对此作了形象的展现。

然而，生活中不乏有人看不透彻，想不明白。那些自以为精明的人最容易患得患失。患得患失的人不仅为失而痛苦，还会为得而忧虑。失去了官位会痛苦，而得到了官位也未必开心起来，他们会为如何保住官位而忧虑，或为再往上走而伤神。这种人处心积虑、挖空心思，甚至巧取豪夺，整天生活在这样的心态之中，即使最后官做得再高、财产丰富，也没有什么生活的高质量？

人的情绪与行为很容易被得失所左右。人的一生，总是在不停地经历得与失。得到自然高兴，失去就会难免悲伤——这是一般人的正常反应。但深谙"糊涂三味"的人，是不会轻易为了得失而费心费神的。

罗君从高中起就一直暗恋同学周艳，在他青春的日记上，有太多关于周艳的文字。他简直无法想象自己如果不能得到周艳，以后的一辈子会如何度过。他得到了吗？没有，在大学毕业的那年，罗君向周艳坦言了自己的心事，却遭到了委婉的拒绝。罗君感觉天快要塌下来了。天真的塌了吗？肯定没有，十年后的同学聚会上，罗君一家三口和周艳夫妻两人相聚了。他们各自有了自己幸福的家。

类似罗君的经历，我们不少人一定也有过，曾经那么地深爱一个人——比如初恋，认为对方是如此攸关自己一生的幸福。但初恋又有几对能成的？不能成的，大家不还是照样该幸福的幸福吗？该找自己夫君或妻子的找夫君或妻子。而那些从初恋如愿走向红地毯的幸运儿们，后来不是也有幸福的也有痛苦的吗？

人会记得自己在儿童时代因为丢失了一个漂亮的铅笔盒伤心哭泣，少年时为一场球赛输了而彻夜难眠，青年时因为失业痛苦异常。这些事情，在当时的自己心中是何等重要！但事过境迁后的今天，也许你会发现那些事情其实都不怎么重要。所以，当你在成年后再次遇到"很严重"的事情时，你会努力告诉自己：没关系，这事没有那么要紧，就像我小时候丢失的文具盒或看一场输了的球赛一样，并不会对我人生造成多大的影响。这样一想，心里就豁然开朗了。反过来看，当你突然得到一个惊喜时，也不必过于高兴，因为，得到的也许就是儿时类似的铅笔盒而已。

人一旦想通了，再遇上什么得失就会不怎么放在心头了。民国时期著名的新月派诗人徐志摩曾说："我将于茫茫人海中访我唯一灵魂的伴侣，得之，我幸；不得，我命。如此而已。"这是他在追求陆小曼时说的话。他得到了陆小曼，但为了满足陆小曼奢靡的生活，他频繁地往来于南北授课，最后将自己 34 岁的生命献给碧蓝的天空——他死于 1931 年的飞机失事。他终于轻轻地从陆小曼的身边走了，正如他轻轻的来，轻轻的挥手，没有带走陆小曼身边的一朵云彩。

看了上面这个小故事，我们难道还不明白得与失的辩证关系吗？徐志摩得到了陆小曼，但他的生命因陆小曼在风华正茂中凋谢，这到底是"得之我幸，还是不得我命"呢？我们不知道答案，亦此亦彼、互相依存，**大概是更好的答案。**

看破生与死的区别

万物有生也有死，这是生命的自然规律。对生和死的态度，形成了每个人的生死观，生死观是一个人世界观的重要内容。有什么样的人生观，就有什么样的处世哲学、生活态度。

中国历来重视孝道。战国名将吴起因为母亲去世没有回家奔丧，差点就没做成将军，更别提展现自己的军事才华了。而魏晋名士嵇康更是卷入吕安不孝一案命丧黄泉。孔子说："父母在，不远游。"亲人逝世，在世上活着的人为逝世的人守孝，寄托他们的哀思，这是人之常情。但是那种守孝三年，甚至十年，不食荤腥，不近酒色，甚至放下自己的理想，放弃发挥自己才能的机会来寄托哀思，这种举动未免有些迂腐。死者已逝，活者却深陷对死者的哀思中，浪费大好时间，固守一些无可挽回的事情，这其实是真糊涂了。

竹林七贤之一阮籍，为人至孝。他母亲死时，他正和别人下围棋，对弈者请求中止，阮籍请求对方一定下完这一局。事后饮酒二斗，大哭一声，吐血好几升，母亲下葬时，他吃了一只蒸猪，喝了两斗酒，然后与灵柩诀别，话刚说完，又一声恸哭，又是吐血几升。短短的时间内，阮籍骨瘦如柴，几乎丧了生命。他人前往凭吊，阮籍披头散发，箕踞而坐。

但是战国时期的庄子，其妻子死了，惠子前去吊唁，见庄子不但没有哭泣，反而两腿平伸岔开地坐在那里，边敲着两腿中间的瓦盆，边大声唱着歌。

惠子不解，说："你妻子和你生活在一起那么久，为你生儿育女，现在她死了，你不哭也就罢了，还敲盆唱歌，是不是太过分了！"

庄子的回答是："不像你说的那样。她刚死时，我也难过，哀伤。后来，仔细一想，从根本上说，她最初没有生命，而且也没有形体；不但没有形体，连生命的气息也没有。起始，她仅仅是夹杂在恍恍惚惚，若有若无的状态中，而后才有了生命的气息；这种气息变成形体，形体再度就有了生命，现在又变回为死。这就好像春夏秋冬四季循环运行一样。她平静地躺在宇宙这间巨大的居室里，而我却在身边嗷嗷大哭，我认为那就是没有彻悟生命的本质，所以我就不再哭了。"

庄子看透了生死间的关系，所以他不再受到死亡的困扰，他用欢乐来为妻子送别，用顺其自然的方式对待妻子的死亡，把生活继续下去。也许这是庄子妻子所希望的。

人的生死是正常之事，庄子、阮籍两种不同行为，其实都是看淡了生死的结果。他们重视已死去的亲人，但更珍惜活着的人。他们的行为看起来不符合礼教，其实却是领悟了生命的结果，是顺应自然的结果。

顺其自然，就是在大势已去时，想得开，别钻牛角尖，人在面对少年夭折、中年短命、突然变故、死于非命的打击时，只有看淡了生死，才能解脱。不然，你无论如何也不能接受眼前的现实，而死者不能复生，活着的人总要活下去，一切悲观消极都无济于事。

生命是宝贵的，短暂的，人要重生乐生，在有限的生命岁月，创造更多更高的人生价值，使生命更有意义，才能不枉来世上走一趟。世间的事情永远不可能十全十美，也许正因为这样，才会有人一辈子都去追求完美的东西。所以，既然活着，就应该好好生活，笑对人生。

返璞归真的庄子哲学

逍遥，指的是没有什么约束、自由自在——当然，法律与道德的约束还是需要的。也就是说，逍遥是一种基于心灵大自在之上的行为大潇洒。逍遥主要表现在自然个性的呈现、精神思维的自由和言谈举止的洒脱。

历史上最著名的逍遥派大概就是古代庄子了。这个逍遥派的掌门人，在《庄子·齐物论》说了一个这样的故事：有一天，他梦见自己变成了蝴蝶，一只翩翩起舞的蝴蝶。他非常快乐，悠然自得，不知道自己是庄周（庄子）。一会儿梦醒了，发现是躺卧在床的自己。庄子一时不知是自己做梦变成了蝴蝶呢，还是蝴蝶做梦变成了自己呢？

这个故事就是"庄周梦蝶"的典故。看看，庄子一觉醒来，居然分不清楚自己到底在现实中还是在梦中，也不知道自己到底是一只蝴蝶还是一个人。

人生的目的是什么？有人认为拥有至高的权位最爽，可以享受支配他人的快感。有人认为拥有金山银山胜过所有，因为金钱可以换取很多东西。有人认为拥有好的名声最重要，即使死了也还会活在人们心中。更有人什么都可以不要，只要美人……

但是庄子在《庄子·至乐》中说："夫富者，苦身疾作，多积财而不得尽用，其为形也亦外矣。夫贵者，夜以继日，思虑善否，其为形也亦疏矣。人之生也，与忧俱生，寿者惛惛，久忧不死，何苦也！"意思说：富有的人，劳累身形勤勉操劳，积攒了许许多多财富却不能全部享用，那样对待身体也就太不看重了。高贵的人，夜以继日地苦苦思索怎样才能保住权位和厚禄，那样对待身体也就太忽略了。人们生活于世间，忧愁也就跟着一道产生，长寿的人整日里昏聩不堪，长久地处于忧患之中而不死去，多么痛苦啊！

人是伟大的，但也是渺小的。人可以改变一些事物，但对于大自然的命运却经常无能为力。一个下雨的早晨，再多公鸡的叫声也唤不出太阳。与其呐喊、抱怨与诅咒老天，不如撑一把雨伞来个雨中漫步，给自己一份悠闲与浪漫。当追求幸福的人因求之不得而苦恼的时候，只要换一种心态，就能很容易地体会到逍遥的快乐。当一个人与幸福失之交臂的时候，也许恰好具备了逍遥的条件。得到和失去一样能够快乐，这就是生活的公平、公正和微妙。

人本是人，不必刻意做人；世界本是世界，不必精心处世。这就是返璞归真之人生大自在的箴言。

正确对待失落

"我很累"和"烦着呢，别惹我"之类的口头语在当今社会广泛流行，这一现象引起了许多社会学家与心理学家的困惑：为什么社会在不断进步，而人的负荷却更重，精神越发空虚，思想异常浮躁？

科技的迅速进步，使我们尝到了物质文明的甜头：先进的交通工具、通信工具、娱乐工具……然而物质文明的一个缺点就是造成人与自然的日益分离，人类以牺牲自然为代价，其结果便是陷于世俗的泥淖而无法自拔，追逐于外在的礼法与物欲而不知什么是真正的美。金钱的诱惑、权力的纷争、宦海的沉浮，都会让人殚精竭虑；而是非、成败、得失则让人或喜、或悲、或惊、或诧、或忧、或惧，人一旦所欲难以实现，一旦所想难以成功，一旦希望落空成了幻影，就会失落、失意乃至失志。而那些实现了梦想的人呢，又很难真正满足，这些人如同一只没有脚的小鸟永远只能飞翔，在劳累中飞向生命的终点。

失落是一种心理失衡，失意是一种心理倾斜，失志则是一种心理失败。而劳累表面上是体力的疲惫，实则发自内心。身心俱疲却找不到一个停靠的港湾，这是一件多么无奈与绝望的事情！

出家人讲究四大皆空，超凡脱俗，自然不必计较人生宠辱。而生活在现实中的你我，谁也逃离不开荣辱。在荣辱问题上，若能做到顺其自然，那才叫洒脱。一个人，当你凭着自己的努力实干，凭自己的聪明才智获得了应得的荣誉或爱戴时，应该保持清醒的头脑，切莫受宠若惊，飘飘然，自觉霞光万道，"给点光亮就觉灿烂"。一个人的荣辱很大程度上是来自于别人对自己的一种评价，而生命是不应该活给别人看的。生命可以是一朵花，静静地开，又悄悄地落，有阳光和水分就按照自己的方式生长。生命可以是一朵飘逸的云，或卷或舒，在风雨中变幻着自己的姿态。

老子在《道德经》中说："宠辱若惊，贵大患若身。何谓宠辱若惊？宠为下，得之若惊，失之若惊，是谓宠辱若惊。何谓贵大患若身？吾所以有大患者，为吾有身，及吾无身，吾有何患？"大意是："对于尊宠或污辱都感到心情激动，重视大的忧患就像重视自身一样。为什么说受到尊宠和污辱都让人内心感到不安呢？因为被尊宠的人处在低下的地位，得到尊宠感到激动，失去尊宠感到惊恐，这就叫作宠辱若惊。什么叫作重视大的忧患就像重视自身一样？我之所以有大的忧患，是因为我有这个身体；等到我没有这个身体时，我哪里还有什么祸患！"

晚明陈继儒的《小窗幽记》里也有一句这样的话：宠辱不惊，闲看庭前花开花落；去留无意，漫观天上云卷云舒。一个人若能做到"宠辱不惊，去留无意"的境界，那么就没有事物能绊住他的脚、拴住他的心。

唐朝女皇武则天，死后立一块无字碑。有人说，无字碑透露着一种大智大慧、大觉大悟的睿智。武则天能开天辟地、以女流之辈坐南朝北，一手不拘一格用人才、尽心尽力治理国家。荣辱相伴相生。立无字碑，说明她深谙"糊涂学"，让自己千秋功过，留与后人评说。虽一字不着，却尽显风流。

有个诗人说：天空没有翅膀的痕迹，而我已飞过！

保持平常心，别患得患失

对于人生，很多人都奉行"快乐哲学"，而哲学家叔本华却另辟蹊径，坚持认为人生的本质是"痛苦"的，用他的话来形容，生命就是一团欲望，欲望不能满足便会痛苦，满足了人会无聊，人生就在痛苦和无聊之间摇摆。

此话听着或许消极，可只要静下心来细细琢磨，便不难发现，患得患失是很多人的通病，因为生活不是一帆风顺的，人们每走一步，有满足也有痛苦。

由此可见，患得患失是一种非常浪费时间和精力的不必要的情绪，每个人从一出生，就会遭遇坎坷，所以如何对待烦恼和忧愁，如何让自己觉得幸福，这是很关键的。至于生命中的得到与失去，那完全是生活的常态，谁又能永远不遇坎坷呢？如果不能发自内心地接受这种问题，那永远心不平，过不上平静、轻松、闲适的日子。

一个人，如果内心对于得失还有诸多计较，得不到的时候就骚动不安，得到的时候又在惶恐担忧，那一辈子就会在如流水的时间内，让生命始终处于紧张之中，生命之花来不及恣意绽放，就已匆匆凋谢，你说可不可惜？

说到这儿，不禁想起一个有关流浪汉和百万富翁的故事。

　　每天的同一时间，一辆豪华轿车总会穿过市区一个中心公园。这辆车的主人是一个百万富翁，细心的他注意到，一位衣衫褴褛的流浪汉每天上午都会坐在街边公园的长椅上，随着流浪汉的视线看去，百万富翁发现，他死死盯住的地方原来正是自己的家。

　　终于，百万富翁按捺不住心中的好奇，有一天，他命令司机停车，自己径直走到那位流浪汉的跟前，问道："打扰一下，我不明白你为何每天都盯着那家公寓看，里面有你非常挂念的人吗？"

　　流浪汉耸了耸肩，带着梦幻的语气回道："我身无分文，每天只能睡在这冰冷的长凳上，我做梦都想睡在那家公寓里。"

　　百万富翁听了流浪汉的话，不由地心生同情，"我一定让你得偿所愿，今天晚上你就可以住进那家公寓，我会为你支付一个月的房费。"

　　一个礼拜后，让百万富翁百思不得其解的是，他在街边公园的同一张长凳上看见了流浪汉。于是，他再次下车，飞快地走到流浪汉的面前：

　　"先生，我不是同意你住在那家公寓，你怎么又回到这公园长凳上来了？"

　　"您有所不知，当我真正睡在公寓时，我开始做梦，梦到自己回到了冰凉的长凳上，我被这可怕的梦搅得心神不安，怎么睡也睡不好。"说完，流浪汉又开始盯着对面的公寓看。

　　很多人觉得这不是一个故事，更像一个笑话。人人都想睡在免费的舒适公寓里，可偏偏这个流浪汉却身在福中不知福。其实，流浪汉并不是不想睡在公寓里，事实相反，他就是因为太想睡在公寓里了，才会时刻担心下一秒自己是否会失去这份幸福。

　　这种忧虑和不安在他心中来回徘徊，即便他的身体已经躺在了舒适的大床上，他的灵魂却得不到片刻的休息，这直接影响到了他的睡眠，最后他只好再次回到冰冷的长凳上。

可以说，他原本可以拥有的幸福，被活生生地扼杀在他内心患得患失的摇篮中。现今，很多人拥有强壮的身体，却不相信自己能做什么，很多人拥有朋友，却不相信朋友会永远陪在身边，……这种不确定感，让他们自始至终都处于一种患得患失的状态，渴望拥有，同时又害怕失去，更确切地说，他们在拥有的时候，不能尽情地享受当下的快乐和幸福，反而忧心忡忡，害怕失去已经拿在手的一切。

殊不知，人有悲欢离合，月有阴晴圆缺，人的一生，就像在荡秋千，总在高低之间来来去去，人们不停地在得到，也不停地在失去，所以，正确对待，才能收获到内心真正的安宁。

不要过于看重得失

俄国文学家托尔斯泰说：不幸的家庭各有各的不幸。把这句话套用在作为个体的人身上也非常贴切：不幸的个人各有各的不幸。不过，归纳起来，人的不幸大部分源于"得失"二字：想要得到某些东西，但却得不到，于是愤恨、嫉妒、气急败坏等各种情绪便出现了。抑或是你不想失去什么，却偏偏失去了，于是就变得沮丧、挫折、怨天尤人。一个人既忧心于得不到所要的东西，又悔恨于所失去已经拥有的，再加上担心可能将要失去的东西，于是，得失之间，内心忐忑，岂能不难？

俗话说："有一好，就没两好。"蜡烛不可能两头烧，甘蔗不可能两头甜。当你找了一个会持家的人，她对你的某些嗜好也可能"精打细算"；而当你找了一个懂得浪漫情趣的人，免不了她也可能对别人浪漫体贴。

其实，任何事物都是一样——有得必有失，有失必有得，得失都是相对的。当你失去某些东西，就会得到另一些东西；当你想要得到某种东西时，你也会失去另一种东西。任何事物皆有"互为因果"的关系。今天某件看起来"得"的事物，可能已经种下明天另一件事物"失"的因子。相对来说，明日之"失"也可能是后日之"得"。

俄国著名诗人普希金在一首诗中写道："一切都是暂时，一切都会消逝；让失去的变为可爱。"

人一旦想通了，再遇上什么得失就会不怎么放在心头了。我们常说，做事要三思而后行，这句话对看重得失的人却并不那么适应，因为他们生性忧虑成患，说话做事前总要反复思考，力求万无一失，如此瞻前顾后，畏首畏尾，等到他们开始行动时，机遇早已振翅而去。

因此，在遇到问题时我们要保持一颗平常心。不管做什么事儿，得失心理都要丢掉，要砸碎得与失操控自己的精神枷锁，走出得失的阴影，尽情活在当下。与此同时，还要不断培养自己的承压能力，不求有泰山崩于前而面不改色的心态，但至少也要具备从风雨中走出来的勇气、信心和好心情。

人最好的心态，就是活在当下，或许说"活"还不够妥帖，应该是"安然"，与古语"既来之，则安之"所要表达的意思别无二致。人活着就好似一个游览世间的旅客，居住的房子，不再是自己的私人财产，哪怕是山川河流，都不再是某国的领土。脱离了这种占有和被占用的关系后，再来审视自己的人生，就会发现，庭前花开花落，天边云卷云舒是那样的美丽动人。

第五章

忍中自有真善美

人的一生，总难免遭遇误解、责难、攻击甚至凌辱。面对这些，你可以选择解释、反诘、回击以及反抗，但生活是琐碎的，你要是对于所有自认为不公平的事情一一回应，不仅使自己掉入了疲于与人周旋的境地，还容易将矛盾激化与扩大。

一个成熟的人，其标志之一就是学会"忍"、能够"忍"。在智者眼里，显示的是一种胸怀，是内心宽广、无所私欲的表现；显示的是一种信心，是强者相信自己的表现。英雄需要忍，等待出头之日，平常人需要忍，甚至夫妻生活也需要忍。

忍中自有真善美。有多大的事情是你所不能忍受的呢？生活中的矛盾，太多的是鸡毛蒜皮的小事，不如"糊涂"一些，忍一忍就过去了。人要像根弹簧一样，能屈能伸。否则，一味地硬挺，自己累，身边的人也累，而适当地收缩一下自己，也许你和别人的过节就过去了。

百行之本，忍之为上

你不妨回想一下，以前多少口角、争斗与矛盾是可以避免的呢？比如，与陌生人的不小心碰撞，妻子（丈夫）一句不经意的责怪……进而引起纷争，并将战火升级。诸如此类的生活琐事，不胜枚举。其实这些小事，只要稍稍忍耐一下，便会烟消云散，天地清明。

古人说得好："忍一时之气，免百日之忧。得忍且忍，得戒且戒；小忍不戒，小事成大。一切诸烦恼，皆从不忍生。"而在生活中，忍是医治磨难的良方。因为生活中的琐碎小事太多，一不小心就会招惹是非。而遇事"糊涂"一点，忍一时风平浪静，让三分海阔天空，就可以没有矛盾，没有问题。所以说，忍一时既是脱离被动局面的对策，同时也是对意志、毅力的磨炼。

在古希腊神话中，有一个叫海格力斯的大力士。一天，海格力斯在山路上发现脚边有个袋子似的东西很碍脚，海格力斯踩了那东西一脚，谁知那东西不但没被踩破，反而膨胀了起来，加倍地扩大着。海格力斯恼羞成怒，操起一条碗口粗的木棒砸它，那东西竟然长大到把路给堵死了。正在这时，山中走出一位老人，对海格力斯说："朋友，快别动它，忘了它，离开它远去吧！它叫仇恨袋，你不犯它，它便小如当初，你若侵犯它，它就会膨胀起来，挡住你的路，与你敌对到底。"

其实，生活中我们也经常步入海格力斯式的陷阱。遇到矛盾时，许多人不愿意吃亏，步步紧逼，据理力争，死要面子，认为忍让就是没有面子失了尊严，最终只能使得矛盾不断的升级，不断的激化。其实忍让并不是不要尊严，而是成熟、冷静、理智，心胸豁达的表现，一时退让可以换来别人的感激和尊重，可以避免矛盾的加深，岂不更好。社会就像一张网，错综复杂，人与人之间难免有误会或摩擦，所以，要学会尊重你不喜欢的人，要宽容地去漠视"仇恨袋"，那样人与人才融洽，社会才会多一些和谐。

我国古代先贤历来推崇处世要"忍让"。孔子曾告诫子路曰："齿刚则折，舌柔则存，柔必胜刚，弱必胜强。好斗必伤，好勇必亡。百行之本，忍之为上。"荀子说："志忍私，然后能公；行忍性情，然后能修。"苏东坡也说："匹夫见辱，拔剑而起，挺身而斗，此不足为勇也。天下有大勇者，卒然临之而不惊，无故加之而不怒，此其所挟者甚大，而其志甚远也。"

唐代著名的诗僧寒山曾问好友拾得："今有人侮我、笑我、藐视我、毁我伤我、嫌恶恨我、诡谲欺我，则奈何？"拾得回答说："但忍受之，依他、让他、敬他、避他、苦苦耐他、不要理他，且过几年，你再看他。"

到了元代，吴亮和许名奎分别以"忍"为主题，写作了《忍经》和《劝忍百箴》，用以规劝世人提高"忍"的能力。并说，对那种遇事少谋，猝然而行，稍有不顺，就乖戾动怒的人，难免会祸及自身。

忍，是一种等待，为图大业等待时机成熟。俗话说，忍之有道。忍，不是性格软弱，忍气吞声、含泪度日之举，而是高明人的一种谋略，是为人处世的上上之策。

让对手先通过

记得这是一位外国学者的话，意思是说：会生活的人，并不会一味地争强好胜，在必要的时候，宁肯后退一步，做出必要的自我牺牲。

胡常和翟方进常在一起研究经书。后来，胡常先做了官，翟方进虽后做官，但名誉比胡常好，胡常在心里嫉妒翟方进的才能，和别人议论时，总是不说翟方进的好话。翟方进听说了这事，就想出了一个应付的办法。

胡常时常召集门生，讲解经书。一到这个时候，翟方进就派自己的门生到他那里去请教疑难问题，并一心一意、认认真真地做笔记。一来二去，时间长了，胡常明白了，这是翟方进在有意地推崇自己，为此，他心中十分不安。后来，在同僚中间，他再也不去贬低而是赞扬翟方进了。

如果说翟方进以退让之术，转化了一个敌人，那么王阳明则依此保护了自身。明朝正德年间，朱宸濠起兵反抗朝廷。王阳明率兵征讨，一举擒获朱宸濠，建了大功。当时受到正德皇帝宠信的江彬十分嫉妒王阳明的功绩，以为他夺走了自己大显身手的机会，于是，散布流言说："最初王阳明和朱宸濠是同党。后来听说朝廷派兵征讨，才抓住朱宸濠以自我解脱。"想嫁祸并抓住王阳明，作为自己的功劳。

在这种情况下，王阳明和张永商议道："如果退让一步，把擒拿朱宸濠的功劳让出去，可以避免不必要的麻烦。如果坚持下去，不做妥协，那江彬等人会做出伤天害理的勾当。"为此，他将朱宸濠交给张永，使之重新报告皇帝：朱宸濠捉住了，是总督军们的功劳。果然，江彬等人便没有话说了。

王阳明称病到净慈寺休养。张永回到朝廷，大力称颂王阳明的忠诚和让功避祸的高尚事迹。皇帝明白了事情的始末，免除了对王阳明处罚。王阳明以退让之术，避免了"飞来的"横祸。

以退让求得生存和发展，其中蕴含了深刻的哲理。《菜根谭》中指出："径路窄处，留一步与人行；滋味浓时，减三分让人尝。此是涉世一极安乐法。"这句话旨在说明谦让的美德。在道路狭窄之处，应该停下来让别人先行一步。只要心中经常有这种想法，那么，人生就会快乐安详。

表面上看，让点步有点吃亏，但结果是获得的比失去的多。这是一种成熟的做法。书中说："人情反复，世路崎岖。行去不远，须知退一步之法；行得去远，务知三分之功。"今日的朋友，也许将成为明日的仇敌；而今天的对手，也可能成为明天的朋友。世事一如崎岖道路，困难重重，走不过去的地方不妨退一步，让对方先过，即使宽阔的道路也要给别人三分便利。这样做，既是为他人着想，又是为自己留条后路。

一条小路若大家争先恐后挤着走，就会显得越发狭窄，谁也过不去；若是让他人先行一步，那么，自己也许会有较宽的道路可以轻松地通过。两相比较之下，为什么不选择利于自己的做法呢？所以，积极的做法是："处世让一步为高，退步即进步；待人宽一分是福，利人实利己。"

忍是一种有韧性的战斗

谁不想功成名就，谁不想轰轰烈烈干一番惊天动地的大事业。可是这世界上能干事的人不少，成大业的却不多，究其原因，方方面面，主客观因素都有。比如要有良好的社会背景，有千载难逢的机遇，也要有智商、有文化、有修养等等。其中，"忍"也是成就大业的必备心理素质。日本前首相竹下登，在他的整个政治生涯中，无时无刻不得益于他的忍耐精神。竹下登在谈到他的经验时说，"忍耐和沉默"是他在协助老师佐藤荣作首相时所学到的政治风度。

孔子曰："小不忍，则乱大谋"。也就是说想成大业、干大事，就得忍住那些小欲望，或一时一事的干扰。说白了，就是"放长线钓大鱼"。纵观历史，凡成就大事者莫不负重前行，忍字当头。今人要想做一番事业，实现自己的人生理想，必须学会忍耐。要忍得住一时的寂寞，耐得住一时之不公。具备了极大的忍耐力，方能战胜自我，勇往直前，达到成功的彼岸。

据《史记·淮阴侯列传》记载，韩信年轻时"从人寄食"，也就是说他没有固定的工作与收入，以至于吃饭都只能到人家家里去混饭吃、蹭饭吃；所以"人多厌之者"，即当地的人都很讨厌他。想想也是，韩信作为一个血气方刚的大男人，整天挎把剑，啥也干不，到处混饭吃，难免会招来轻蔑与侮辱。

在韩信经常去混饭的人家中，有南昌亭长家（亭长的职位介于当今的乡长与村主任之间）。由于经常去混饭吃，亭长的老婆心里不乐意了。然而怎么样才能将韩信拒之门外呢？女人自然有女人的办法，这个亭长老婆半夜爬起来做饭，天亮之前全家人把饭一扫而光。韩信早上起床，空着肚子来亭长家吃饭，一看饭已经吃完了，当然明白了人家的意思。韩信一赌气，从此，就和南昌亭长绝交了。

在当地，大家都瞧不起韩信。有一天，淮阴市面上一个地痞看韩信不顺眼，就挑衅韩信："韩信你过来，你这个家伙，个子是长得蛮高的，平时还带把剑走来走去的，我看啊，你是个胆小鬼！"地痞这么一说，呼啦啦就围上来一大群人看热闹。

地痞一见自己人气正足，就想趁这个机会出出风头，于是进一步挑衅："你不是有剑吗？你不是不怕死吗？你要不怕死，你就拿你的剑来刺我啊！你敢给我一剑吗？不敢吧？那你就从我两腿之间爬过去。"

这一下子将韩信逼入了一个面临两难选择的境地：打？还是爬？无论哪一个选择，韩信都会受伤。韩信盯着对方看。看了一阵子，把头一低，就从这个地痞的胯下爬过去了。惹得围观的众人哄堂大笑。

但正是这个人皆可辱的韩信，后来却帮助刘邦成就了一番伟业，也成就了自己的功名。

司马迁也同样受过"胯下之辱"，而且，他受到的侮辱比韩信的还要沉重。他遭到宫刑——这是一个男人难以承受的奇耻大辱，但司马迁忍下来了。他坚强地活着，因为他要完成《史记》这部伟大的著作。

韩信能忍，作为韩信的领导，刘邦也同样能忍。苏轼在《留侯论》中云："观夫高祖之所以胜，而项籍之所以败者，在能忍与不能忍之间而已矣。"让我们来看看汉高祖刘邦是如何"忍"的。

公元前203年，韩信降服了齐国，拥兵数十万，而此时刘邦正被项羽军紧紧围困在荥阳。这时早已重兵在手的韩信派使前来，要求汉王刘邦封他为

"假王"，以镇抚齐国。刘邦大怒说："我在这儿被围困，日夜盼着你来帮助我，你却想自立为王！"张良、陈平暗中踩刘邦的脚，凑近他的耳朵说："目前汉军处境不利，怎么能禁止韩信称王呢？不如趁机立他为王，安抚善待他，让他镇守齐国。不然可能发生变乱。"

汉王刘邦醒悟，立马故意装糊涂骂道："大丈夫平定了诸侯，就该做个真王，何必做个假王呢？"于是派遣张良前去宣布韩信为齐王，征调他的军队攻打项羽军。刘邦忍住怒气，立韩信为齐王，征调韩信的部队，很快就扭转了汉军的不利地位，同时也安抚住了拥兵数十万的韩信。假如他不忍，把韩信大骂一通，不封韩信为齐王，这样不但可能失掉韩信，而且也可能给自己带来祸殃。

在一个强手如林的世界里，忍是一种韧性的战斗，是一种做人的策略，是战胜人生危难和险恶的有力武器。凡能忍者，必定志向远大。凡志向远大者，必定能够识大体、顾大局。而忍，就是识大体、顾大局的表现。纵观历史，能成非常之事的人都懂得忍的意义。因此，清人金兰生在《格言联璧·存养》中说："必能忍人不能忍之触忤，斯能为人不能为之事功。"

一忍解百愁

愤怒是一种激烈情绪的表现。狡猾的人会利用操纵别人的情绪，适时激怒别人，以达到自己的目的。因为人的血压升高，智商一定下降。

在法庭辩论中，我们经常可以看到高明的律师故意去激怒对方，以便于打乱对方的思路，让对方说出一些对己不利的话。

现在从政的詹姆斯曾经是律师，他做律师时有一件法宝：激怒对方。他在法庭上如果碰上言简意赅的对方证人，或碰上思路严谨的辩护人，就马上设法激怒人家。一旦对方上当，很容易说出一些本来不应该说的话，露出破绽。总之，对方一发脾气，阵脚便乱了。詹姆斯在回忆他的律师生涯时，骄傲地笑道："我最喜欢看到他们大发脾气。他们一发脾气，就松了劲，乱了阵脚，使自己陷入绝境。"

在生活与工作中，我们也会遇到被别人故意激怒的情况。

小江有一次跟随厂长与外商谈判，因为厂长的一个疏忽而没有取得预期的谈判效果。回来后，厂长陷入了深深的自责之中。小江和同去的其他人员，也一直为谈判失败的原因保密。但架不住同事小张屡次当着大家的面一个劲地嘲笑小江"无能"。小江忍无可忍，终于将谈判失败的原因——细数，表明是因为厂长的疏忽而非自己"无能"。虽然没有当着厂长说这一番话，但可想而知，这话很快就传到了厂长的耳朵里了。结果，原本很有可能升为科长的小江，在竞争中，败给了小张。是小张在故意耍阴谋吗？我们完全有理由这样怀疑。我们假设小江当时能忍住，装作没有听见小张的挑衅，也许结果就不会是这样的。

我们再看明代作家冯梦龙在《智囊》中记录的一则佚事——

长州大户尤翁，他开了三个典当铺。年底某一天，忽听门外一片喧闹声，出门一看，是位邻居。站柜台的伙计上前对尤翁说："他将衣服押了钱，今天空手来取，我不给他他就破口大骂，有这样不讲理的吗？"

邻居仍气势汹汹，破口大骂。尤翁像没有听见咒骂一样，和气地对邻居说："这点小事，值得这样吗？"说完命店员找出典物，共有衣物蚊帐四五件。

尤翁指着棉袄说："这件御寒衣服不能少。"又指着棉袍说："这件给你拜年用，其他东西现在不急用，可以留在这儿。"

邻居拿到两件衣服，无话可说，立刻离去。

我们知道，生意人是在商言商，一般是不会讲什么情面的，像尤翁这样的商人，为什么就那么容易吃亏了呢？

尤翁告诉伙计说："凡极度无理挑衅的人，一定有所倚仗。如果在这种小事上不忍耐，那么很容易会惹上大的灾祸。"

果然，当天夜里，邻居竟死在一个仇家家里。原来邻居负债多，已经服下毒药，知道尤家富贵，想敲笔钱给家人日后用，结果没有找到一个由头，就火速赶到另外一家，和对方大吵后死在那里。

尤翁当然不是诸葛亮，事先也不会清楚明晰地料到后果。但他善于忍让的性格，帮他躲过不少灾难。

在生活中，我们难免会碰到一些蛮不讲理的人，甚至是心存恶意的人，遭到他们的欺侮和辱骂。每当遇到这样的事，常让人觉得忍无可忍。可是，你想过吗？有时别人正是想利用你的"忍无可忍"呢？你不忍说不定正中别人下怀，中了别人的圈套。

"忍"字头上一把刀，遇事"不忍"祸必招。如能忍住心中气，过后方知忍字高。

忍一时免百日忧

现今时代是竞争的时代，小学生也懂得树立竞争意识，所以很多人，在竞争面前，当仁不让。如果有人和他们论"忍"，他们会不屑一顾。

不错，越是竞争的时代，这"忍字经"就越难念；但越是竞争的时代，"忍字经"越得念，而且还得常念，方能确保竞争状态始终旺盛不衰。今天，如果一个人只懂得竞争、进取、冲击，却不懂得忍耐、克制，甚至退让，那他就只能算一个没有头脑的"勇夫"。处在如今彰显自我的时代浪潮之中，人人都会有一种强烈的紧迫感，危机感，拼搏、进取、竞争都是正常的。许多人有职业，却因经不起诱惑，改行的、跳槽的，下海经商的，出国"洋插队"的，干什么的都有；人心思变，人心思动，人心思钱，大家都想趁此良机，干大事，挣大钱，成大器，重新显示自己的人生价值，寻找自己的社会位置。然而时代只提供了机遇，却无法保证每一个人都能获得成功，甚至一举成功。凡事均有长有短、有阴有阳、有圆有缺、有利有弊、有胜有败，何况人生。人从出生就要遇到矛盾，就要经受坎坷和曲折，就要经历人生的种种磨难和时代的考验，所以，每一个人都应该具备承受挫折、失败和痛苦的心理素质，"忍字经"在这期间将是人胜不骄，败不馁，能进能退，能屈能伸的"良师益友"。宋朝王安石之语，"忍一时之气，免百日之忧，一切诸烦恼，皆从不忍生。莫之大祸，起于斯须之不忍。"可谓真知灼见。

有时，我们之所以需要"忍"，倒不在于单单积蓄力量、掌握主动权。人为了真正地在某一事件中弄清真相，了解实情，而不莽撞贸然地凭着一时的冲动和义气办事，也需要"忍"。记得有这样一位小伙子，干事的确有一股子闯劲。敢说敢做，而且，也敢于承担责任。然而，这样一种本来非常好的性格却被一些别有用心的人所利用。一次，他的一位同事在厂外与人打架，衣服撕破了，身上也打出了血。跑到车间上晚班时，简直就不像个样子。这位小伙子一见，也吃了一惊。这位同事本来吃了亏就心里不服气、想报复，捞回"面子"。见小伙子问起此事，便添油加醋地大大夸张了一番，并且还把这位小伙子也扯了进来，说是对方也要"治他"，叫他"别神气"。这位小伙子不听则罢，一听便火冒三丈，当即便抄起一根木棍，跑去找人算账。结果，不分青红皂白地将那人打了一顿。为此，他受到了单位十分严厉的批评，并赔偿了对方的医疗费和营养费。事后，据调查，对方根本就未曾提起他。尽管两人彼此也认识，但与那位同事的打架仅仅是他们两人之间的私事。这位小伙子懊恼不迭，直埋怨自己太冲动，头脑简单，以至犯下了大错。

显然，在自己受到攻击、侮辱、谩骂等等之后，首先"忍下来"，认真地、仔细地了解事情的来龙去脉，然后再做判断，无疑是一种强者的风格和心态。真正有本事回击自己的对手，又何必一朝一夕呢？人只有充分相信自己能力，才能够处变不惊。若能"先忍住"，把事情搞清楚，再做决断也不迟。

实际生活中，我们经常遇到这一类事。它可能是一种平白无故的批评，也可能是一种莫名其妙的指责；它可能来自同事和朋友们的误解，也可能是出于某些不安好心的人的唆使和阴谋。在这种情况下，如果我们不明察事理，则很容易把事情弄坏。甚至把好事办成坏事。而"忍"有助于我们推迟判断，获得时间和机会去把事情弄清楚。而一旦了解了事情的真相，掌握了充分的证据和理由，岂不是更有力量去应付人生的种种挑战，解决存在于生活中扑面而来的困难吗？这样的人难道不是强者吗？相反，毛草轻率，感情用事，必然会在无理的情况下落败而逃。光有武力，是不能解决世间存在的扑朔迷离、纷繁复杂的问题。

具体到我们的日常生活和工作中，"忍功"的修炼可以从以下几点着手。

首先，吃亏而不慌。人们通常总是非常害怕吃亏，并把吃亏看成是一种人生的倒霉事。那究竟什么是"吃亏"呢？究其根底，无非是个人的某些利益受到了损害。于是，一旦感到自己吃了亏，便慌张起来，赶紧采取一些什么补救措施，力求把受损的利益补回来。而这样一来，便非常容易出错出乱，随之而来也许就是灾难。因此，"吃亏而不慌"，是"忍功"的一种常见的形式。

在这种方法中，非常重要的一个特点便是"不慌"。由于吃亏是经常的事，而且它本身也会有各种各样的形式。就一般人而言，吃了亏，心里总是不好受的，会自然而然地产生一种失落感，这并不奇怪，关键在于不能为此而慌张，急于把损失夺回来、补回去。所以，"忍"就是"忍"在这里。必须明白，自己吃了亏，实际上也是自己得了一个教训，为人生交了一次"学费"，以后，可以在生活中更机警、更聪明一些。如果急于想要去做就事论事的补救，可能会有微薄的效益，但却常常是丢了西瓜，捡了芝麻。

其实，在生活中有很多事情自己认为是吃了亏了，但实际上并非如此。切不可事事过于功利。遇事多想一想，先别慌，"忍"下来，终归是有好处的。

其次，"上当"就"上当"，吃亏就吃亏。在日常生活中，由于误信了某人的话、某件事、某个消息，而采取了错误的决策，做出了错误的判断，实施了错误的行动，而导致某种不利的结果，常称之为"上当"。很多人一旦"上当"之后，往往恼羞成怒，一味地指责那些促成自己上当的当事者。这显然是不理智的。"上当"就"上当"，既然已经上了当，接受不接受这一事实都是同样的。会"忍"的人则往往采取某种比较机智的做法，既然已经上当了，就心平气和地认可它，能加以幽默地化解就化解，不能化解可以接受，总结教训，避免以后犯错。

在这种方法中，"接受"这一思路是非常重要的。它表明了人们已承认某种发生的客观事实的坦诚心态，有了这样一种心态，便很容易把上当的事看成是接受的事，上当已成事实，你就是把有关的当事人或自己大骂一通，也无济于事。既然如此，接受是最正常的。

第三，容人之过。所谓"容过"，就是容许别人犯错误，也容许自己改正错误。不要因为某人或自己有某种过失，便看不起他人或自己，或从此以某种眼光去看待对方，"一过定终身"。

孰人无过呢？谁都可能犯错误。一般而论，"容过"讲的是这样一种"过"，它给他人或自己带来了一定的损害，或在某种程度上与自己有关。例如，自己的下属有了过错，自己的合作者有了过错，或者是自己的家人有了什么过错，等等。在这种情况下，能否有一种宽容的态度对待这种"过"，这是衡量人的素质的一个标准。

"容过"这种忍，就是要压制或克服自己内心对于当事人的歧视，尽管自己心里并不痛快，感到懊丧，但却应该设身处地地为当事人着想，考虑一下自己如果在这种场合下会如何做，或在做错了某事之后又有何想法，当然，这里需要"容"，需要"忍"的是，对于当事人本人或自己，而对于具体的事情本身则应该讲清楚，该批评的必须批评。

由此可见，"容过"这种"忍"的方法，主要反映了人们的一种宽厚、宽恕的人格。很显然，能够"容过"的人，往往能够建立起和谐的人际关系，良好的群众基础。同时，也能够得到人们的赞许和认可。

第四，戒迁怒。有时，人们可能在某一特定场合中出于一定的原因暂时地"忍"下来了。可是，人们往往还是压不住心头之火。于是，便随意地找一个对象加以发泄。这便叫作"迁怒"。而"戒迁怒"也是"忍"的一种必要的方法。

一个人能否真正做到"戒迁怒"，是衡量是真"忍"还是假"忍"的重要方式。有些人受了上司的批评，回来后对着自己的下属发脾气；有些人在工作中不顺、受了委屈、出了纰漏，便回家找自己的太太、孩子撒气。这样，无疑是缺乏修养的表现，而且害人又害己。

"戒迁怒"正是要防止和杜绝这一类现象。曾经有人这样认为，有气憋在心里，对身心健康不利。此话当然是有道理的。心中"有气"可以向一些适当的对象排遣，但是，绝不能随便地发泄。从心理学上讲，"迁怒"的主要原因常常是由于一时自己心里拐不过弯来，又无法转移自己的内在注意力所致。

"戒迁怒"便是希望人们在心里堵着一团火的时候，尽快地转移自己的注意力和兴奋点。这样，便可以通过其他的途径解脱自己。而且，更重要的是，当这样一种"气"使用在有价值的事情上时，或者说被用于某种有益的工作时，它往往会产生一种更好的效果。例如，某有人在某件事情上受了委屈、窝了火。于是，回到家，拿起斧子，拼命地劈柴，一下子满院子的大木柴都给劈好了，这岂不是有发泄了心中之火，又做了好事吗？这可能也就是人们通常所讲的那种"升华"吧！

可以说，如果人不能真正地"忍"，而总是"借迁怒"去发泄自己的愤恨，反而会给人们带来一种对自己的蔑视，认为是没有本事，只能拿好欺负的人出气。而一旦做到这种"戒迁怒"，则反而会受到人们的尊敬，认为你是一个拿得起、放得下的人，而且，由此还可能获得人们的信任。

忍一时之气，免百日之忧，一切诸烦恼，皆从不忍生，莫之大祸，起于斯须之不忍。

能忍让者成大事

在古代中国，"忍"字成了众多有志之士的成功秘籍。越王勾践也罢、韩信也罢，都曾忍受过别人的胯下之辱，最终渡过了难关，成就了大业。清·金兰生《格言联璧·存养》中说："必能忍人不能忍之触忤，斯能为人不能为之事攻。"

战国时期，有一位出生于魏国的范雎，因家境贫穷，开始时只在魏国大夫须贾手下当门客。有一次，须贾奉命出使齐国，范雎作为随从前往。到了齐国，齐襄王迟迟不接见须贾，却因仰范雎的辩才，叫人赏给范雎十斤黄金和酒，但范雎辞谢了。须贾却由此产生了疑心，认为范雎是把秘密情报告诉齐国，才获得了赠送礼物。回国后，须贾将自己的疑心告诉了魏国宰相魏齐。魏齐下令把范雎传来，用竹板责打他，打折了肋骨，打落了牙齿。范雎假装死了，被人用箔卷起来，丢在厕所里。接着魏齐设宴喝酒，喝醉了，轮流朝范雎身上小便。再后来，范雎设法逃出魏国，改换姓名，辗转到了秦国，最终当了秦国的宰相。

谁不想功成名就，谁不想轰轰烈烈干一番惊天动地的大事业。可是这世界上能干事的人不少，成大业的却不多，究其原因，方方面面，主客观因素都有。比如要有良好的社会背景，要有千载难逢的机遇，要有智商、情商、文化、修养等等。而"忍"，则是成就大业的必备心理素质。

孔子曰："小不忍则乱大谋"。也就是说想成大业、干大事，就得忍住那些小欲望，或一时一事的干扰。此话有其鲜明的积极意义。对于有理想、有抱负，想为国家、想为民族干一番大业的人来说，忍是重要的，应该加以鼓励。就个人想要成就一番事业，也应该"忍一时所不能"，所以，忍一时风平浪静，退一步海阔天空。忍，能使自己、团队进退自如。

成语"负荆请罪"的故事传为千古美谈：蔺相如身为宰相，位高权重，而不与廉颇计较，处处礼让，何以如此？为国家社稷也。"将相和"，则全国团结，国无嫌隙，则敌必不敢乘。蔺相如的忍让，正是为了国家安定之"大谋"，忍让成大事。相反，不忍让而"乱大谋"的事也不鲜见。楚汉相争时，项羽吩咐大将曹咎坚守城皋，切勿出战，只要能阻住刘邦15日，便是有功。不想项羽走后，刘邦、张良使了个骂城计，派后儒下，指名辱骂，甚至画了画，污辱曹咎。这下子，惹得曹咎怒从心起，早将项羽的嘱咐忘到九霄云外，立即带领人马，杀出城门。真是，冲冠将军不知计，一怒失却众貔貅。汉军早已埋伏停当，只等项军出城入瓮。霎时地动山摇，杀得曹咎全军覆没。

君子之所以取远者，则必有所恃，所就者大，则必有所忍。

当忍则忍，该退就退

人们常常把忍让与失败、放弃、躲避等词联系在一起，似乎忍让总带有某种贬义和消极的色彩。然而忍让却是善于变通者的法宝。忍让包含了很多层意义，我们可以把它看作是当下生活的部分，积聚能量的过程，因为，在这样的过程中人具有快速生长的可能。

忍让并不是从此以后就不再进攻，相反，忍让是为了在积蓄了足够的力量以后更好地进攻。曹操不乏英雄气概，但他也有让步的时候。他迎汉献帝定都许昌后，并不是万事大吉，他当时并不能"挟天子以令诸侯"，相反，一时成为众矢之的。因为曹操此时的力量并不强，与袁绍等人相比，更处于弱势。但曹操采取后发制人的方法，却将袁绍打败。

曹操得势后，袁绍摆出盟主的架势，以许昌低湿、洛阳残破为由，要求曹操将献帝迁到鄄城，因鄄城离袁绍所据的冀州比较近，便于控制献帝。可是曹操在重大问题上并不让步，他断然拒绝了袁绍这一要求，而且还以献帝的名义写信给袁绍说："你地大兵多，专门树立自己的势力，没看见你出师勤王，只看见你同别人互相攻伐。"袁绍无奈，只得上书表白一番。

曹操见袁绍不敢公开抗拒朝廷，又以献帝的名义任袁绍为太尉，封邺侯。太尉虽是"三公"之一，但位在大将军曹操之下。袁绍见自己的地位反而不如曹操，十分不满，大怒道："曹操几次失败，都是我救了他，现在竟然挟天子命令起我来了。"拒绝接受任命。

曹操知道自己这时的实力不如袁绍，不愿意在这个时候跟袁绍闹翻，决定暂时让步，便把大将军的头衔让给袁绍。自己任司空（也是"三公"之一），代理车骑将军（车骑将军只次于大将军和骠骑将军），以缓和同袁绍的矛盾。由于袁绍不在许都，曹操仍然能总揽朝政。

与此同时，曹操安排和提升一些官员。以程昱为尚书，又任命他为东中郎将，领济阳太守，都督兖州事，巩固这一最早的根据地；以董昭为洛阳令，控制好新旧都城；授夏侯渊、曹洪、曹仁、乐进、李典、吕虔、于禁、徐晃、典韦等分别为将军、中郎将、校尉、都尉等，牢牢控制军队。

但曹操表现却很谦恭。后来杨奉荐举曹操为镇东将军，袭父爵费亭侯。曹操连上《上书让封》《上书让弗宁侯》《谢袭弗亭侯表》等，表明他"有功不居"。曹操深知自己此时还是弱者，因此对袁绍的要求尽量满足，对朝廷的封赠表现出"力所不及"的推辞谦恭。然而等到他羽毛丰满后，他就露出"真面目"了。官渡一战，曹操彻底打败了袁绍。

官渡之战时，双方僵持的时候，曹操会先退几步，以求打破僵局，为自己积蓄力量赢得时机。曹操善于用兵，把握进退的火候，恰当抉择进退的时机，最终赢了袁绍。

面对挫折、打击、磨难，应该沉着应对，不能被困难所压倒。忍受挫折的一种方法是发愤图强，准备东山再起，而不是就此沉沦。而当自己处于弱势时，不妨采取以退为进的方针，避开凌厉的锋芒，保存自己的实力。当忍则忍，该退就退，不勉强，不冲动。这时候，你就是真正的强者了。

因为"负重",所以"忍辱"

强者为什么能够忍受常人所不能忍受的侮辱?是因为他们心中有远大的理想——也就是说,他们身负重任。所以,忍辱很正常。因为"负重",所以"忍辱"。

在有关忍辱负重的典故中,韩信有"胯下之辱",越王勾践有"尝粪问疾",勾践从一个过惯了锦衣玉食的一国之王,成为吴国的阶下囚,为奴三年,受尽凌辱。他为了活下去,为了生存,为了复国、复仇,为吴王当马夫,当"上马石"!这他认为还不够,他为了进一步麻痹夫差,以为夫差看病为名,竟尝其粪便,这种行为远远超出了人的生理极限!实在难以想象!

公元 1076 年,德意志神圣罗马帝国国王亨利与教皇格里高利争权夺利。斗争日益激烈,发展到了势不两立的地步。亨利想摆脱教皇的层层控制,获得更多的自主权和独立权。教皇则想进一步加强控制,把亨利所有的自主权都剥夺殆尽。

在矛盾激烈的关头,亨利首先发难,他召集德国境内各教区的教士们开了一个宗教会议,宣布废除格里高利的教皇职位。而格里高利则针锋相对,在罗马的拉特兰诺宫召开了一个全基督教会的会议,宣布开除亨利王的教籍,不仅要德国人反对亨利,也在其他国家掀起了反亨利的浪潮。

教皇的号召力非常之大,一时间德国内外反亨利力量声势震天,特别是德国境内的大大小小的封建主都想兴兵造反,向亨利的王位发起了挑战。亨利顿时陷入了四面楚歌的艰难境地。

面对这样的危险形势,亨利虽然心里很不甘心,但是也知道如果不妥协,自己就要被彻底推翻。所以，他采取了以退为进的变通策略。

1077 年 1 月，亨利只带了两个随从，骑着一头小毛驴，冒着严寒，翻山越岭，千里迢迢前往罗马，准备向教皇请罪。可是教皇故意不予理睬，在亨利到达之前就到了远离罗马的卡诺莎行宫。亨利王只好又前往卡诺莎行宫去见教皇。到了卡诺莎，教皇命令紧闭城堡大门，禁止亨利进来。

当时鹅毛般的大雪漫天飞舞，天寒地冻，亨利王为了得到教皇的饶恕，顾不上什么帝王的身份，脱下帽子，屈膝跪在雪地上，一直跪了三天三夜。最后，教皇终于打开了城堡的大门，饶恕了事利。这就是历史上著名的"卡诺莎之行"。

亨利王的"卡诺莎之行"，亨利王终于保住了他的教籍，也保住了王位。

亨利王回到德国以后，竭尽全力整治自己的国家，将蓄谋造反的封建主们各个击破，并剥夺了他们的爵位和封邑，曾一度危及他王位的内部反抗势力逐一破灭。在稳固住自己的阵脚和地位以后，亨利王立即发兵进攻罗马，准备消灭位高权重的教皇，以报跪求之辱。在亨利的强兵面前，格里高利弃城逃跑，最后客死他乡。

显然，亨利王的"卡诺莎之行"是别有用心地。在他与教皇对峙，国内外反对声一片，特别是内部群雄并起，王位岌岌可危的情况下，为了获得格里高利的信任，亨利王不惜丢下王者之尊，在雪地里长跪了三天三夜，甘于忍受屈辱，其目的在于使心机不良的教皇放松警惕，使自己赢得喘息时间，以便重整旗鼓，东山再起，和教皇做最后较量。亨利王正是凭借着这一能屈能伸、以退为进的变通策略，才得以保住自己的地位，最终报仇雪耻。

也许有人会对这种做法嗤之以鼻，认为此举让人尊严扫尽。须知，非常手段只用在非常时刻，在关键时刻，放弃眼下似乎很重要的东西也许能获得长远的胜利。

留得青山在，不怕没柴烧。如果亨利王因为不肯暂时低头而蒙受巨大的损失，甚至把命都丢了，哪还谈得上未来和高远的理想？现今，有不少人为了所谓的"面子"和"尊严"，不管自己的境况如何，而与对方强拼，结果一败涂地，有些人虽然获得暂时"惨胜"，却元气大伤。

所以，当你碰到对你不利的环境时，千万别逞一时之强，当一时之英雄，只有争取获得最后的胜利才能算得上真正的英雄。

人非圣贤，对于得失荣辱，谁都难以抛开，但是，要成就大业，就得分清轻重缓急，从长计议，该忍就忍，该退就退。一时的荣辱算不了什么，能够笑到最后的人才是真正的强者。

忍辱负重的勾践

公元前 496 年，越王允常病死，其子勾践继位，吴王阖闾乘机出兵攻越。两军在槜李交战，吴王自以为能打败越军，麻痹大意。越军采取偷袭战术，后勾践抓住战机发起冲锋。阖闾，箭射吴王阖闾，致其重伤。吴军大败，溃退七里。阖闾临死前，对儿子夫差说："千万不要忘记越国的仇恨。"

夫差继位后，时刻不忘国仇家恨。他指令一人立于宫廷内院，每当自己出入，此人就大声质问吴王："你忘掉越王杀父之仇了吗？"夫差则应道："深仇大恨，岂敢忘却！"夫差发誓一定要打败勾践，活捉勾践，祭祀亡父。他任命伍子胥为相国，伯嚭为太宰，自己则励精图治，国势开始蒸蒸日上。

越王勾践三年，勾践探知夫差昼夜练兵，就想先发制人。一贯以明智闻名的谋士范蠡以为不可，他说："战争违背道德，斗杀最为下等，因此越国不能首先开战。"但勾践一意孤行，率兵攻吴，吴王夫差应战，双方大战于大椒。

勾践战败逃到会稽山上，被吴国追兵包围得像铁桶般严严实实。勾践一筹莫展，范蠡献计道："越国现今唯一的办法是忍辱求和。"勾践只好派文种冒险一试。文种叩首于吴王座前，说道："亡国之臣勾践，派侍从文种斗胆告诉您下边管事的，勾践请为臣，妻为仆。"由于吴国大夫伍子胥反对，夫差没有接受。勾践闻讯，以为局面已临近最后关头，准备杀妻与吴王决一死战。文种、范蠡经反复斟酌，决定以吴国权臣伯嚭为突破口，私下把一批越女和奇珍送给他，托他在夫差面前代为说情。伯嚭果然接受礼物，帮越国说话。夫差不顾伍子胥的反对，答应了越国的求和条件，但要勾践亲赴吴国赎罪。

越王勾践四年，勾践率夫人与大夫范蠡去吴国。夫差派人在其父阖闾墓旁筑一石屋，将勾践夫妇、君臣驱入屋中，换上囚衣囚裤，从事养马贱役。夫差每次坐车出去叫勾践牵马，叫范蠡伏在地上当马镫。有一天，范蠡得知夫差生了病后便叫勾践去探视夫差，并说道："你可亲尝夫差大便，然后说大王病体将愈，夫差高兴，就会放你回国。"勾践蓦地一震，垂泪道："我也算一个人君，如何尝入秽物？"但勾践毕竟是能屈能伸之人，他虽然这样说，但到底还是去尝试了。夫差不解，勾践回答说："我对医术粗通，大王的粪便味酸而苦，与谷味相同，故大王之病不用忧，数日便好。"几天后，夫差病果然好了，从此他对勾践有了很好的印象，对伍子胥的苦谏也就置若罔闻了。

勾践在吴国吃尽了苦头。两年后，文种又给伯嚭送来珍宝美女，请他在夫差跟前进言。伯嚭进宫见夫差，说道："勾践事吴两年，服侍大王也殷勤周到，现在您可知道他是真心归顺了吧！大王不如放他回去，要他多多进贡就是了。"夫差对伯嚭一向惟计是从，就微笑点头了。

勾践一行回到越国，发誓要报仇雪恨。他号召全国上下艰苦奋斗，而且自己率先垂范，身穿粗布衣服，不吃肉食，住在简陋的屋子里，把席子撤去，用柴草作褥子；在吃饭的地方悬挂了个苦胆，每次吃饭前，先尝一尝苦胆，然后放声大喊说道："勾践，你忘记了会稽的耻辱吗？"他不断激励自己，振作精神。这就是"卧薪尝胆"故事的由来。勾践还亲自参加耕种，王后也亲自织布，以此来鼓励人民发展生产。文种精通经济内政，范蠡擅长外交和军务。勾践充分信任他们，让他们各司其职。

夫差好色，伯嚭贪财，勾践让人尽量满足他们，还派范蠡物色了越国最美的女子西施，教会她歌舞之后，给夫差送去。夫差果然一见倾心，用大量人力、物力建姑苏台，取悦西施。文种献计，向吴王夫差借粮，目的是试探吴王对越国的态度。结果夫差同意借出一万石粮食给越国。翌年，越国丰收。文种又亲自送还一万石粮食。吴国将这一万石粮食做种子，由于不能发芽，这一年田里颗粒无收，大闹饥荒。又过了两年，夫差在伯嚭的谗言迷惑下，杀了伍子胥，伍子胥临死前，对人说："我死后，一定要取出我的眼睛，放在吴国都城的东门，我将看着越兵攻入。"伍子胥之死，对越国来说是一大喜讯。他们加快了报仇的步伐。

公元前482年，吴王夫差在黄池会盟中原诸侯，带去了国内的精兵强将。勾践与文种范蠡认为攻吴时机已到。勾践与范蠡亲率精兵五万袭击吴国，打败吴国守军，杀了吴国太子。公元前473年，勾践再次攻吴，把夫差包围在姑苏山上。夫差势单力薄，派公孙雄袒胸露背，跪行至越军阵营求和。勾践不忍，欲应。范蠡谏道："当年大王兵败会稽，天以越赐吴，吴王不取，以至有今日；现在夫差兵败姑苏，天又以吴赐越，越岂能不取？而且，大王卧薪尝胆，十年生聚，十年教训，不就是为了今日吗？我听说天与不取，反受其咎。愿大王三思！"不待勾践点头，范蠡果断地下令擂鼓进兵，并对公孙雄道："越王已委政于我，使者赶快离开。"吴使公孙雄哭泣而去。

不久，越军灭吴。勾践留夫差于甬东，会稽东边的一个海岛，君临百家，为衣食之费。夫差痛悔自己误信伯嚭之言，而忠言逆耳却听不进，于是他以布蒙面，伏剑自刎。临死前大叫一声："伍相国，我没有脸面见你啊！"

当形势对己不利时，强者需要忍辱负重，因为终极目标是为了达到扭转局面，摆脱困境。勾践之所以"忍辱"，只为负"灭吴兴越"，当然，忍到一定程度总有爆发的一天，因为如果一味地忍下去，则是性格懦弱的表现。

君子报仇，十年不晚。勾践忍辱负重二十余载，终于扬眉吐气，一扫心中之块垒。国王、奴仆、霸主把勾践人生命运由衰而盛的轨迹勾画得清清楚楚，难道我们不能从中受到启发吗？

第六章
"舍得"之中有真味

钱财散了、爱人离去、亲人诀别……这一切你都舍得吗?

——舍不得!

是的,舍不得。因为舍不得,人们想方设法去拥有、去留住;因为舍不得,人们悲天伤地去缅怀、去痛苦。

人之所以舍不得,归根到底是没有信心掌控未来,因此拼命地想要抓住今天,享有今天,不顾及明天。其实,你舍不得今天,如何能有明天? 你舍不得付出劳动,如何能有收获? 你舍不得失去,如何有得到?《卧虎藏龙》里李慕白有一句经典的话:"当你紧握双手,里面什么也没有;当你打开双手,世界就在你手中。"

佛家对于"舍得",有一番别致的理解,即有舍才有得。蛇在蜕皮中长大,金从沙砾中淘出。"舍得"既是一种大自然的规则;也是一种处世与做人的规则。舍与得就如水与火、天与地、阴与阳一样,是既对立又统一的矛盾体,它们相生相克,相辅相成,存于天地,存于人生,存于心间,存于微妙的细节中,囊括了万物运行的机理。万事万物均在舍得之中达到和谐,达到统一。

是的,"舍"中有"得","得"中有"舍"。明白了"舍"与"得"之间的辩证关系,就会在"舍"与"得"中作出正确的抉择。在抉择中,该失去就失去,不懊悔、不痛苦;在抉择中,该放下就放下,不勉强、不拖沓。

因为珍惜，所以放手

有些东西，其实是我们想留也留不住的。比如爱情，它来得有时候会很快，走得有时候也会很快。曾在网上，看到一篇发人深省的文章——一个女人说："我很想离开他，但每次都舍不得。"

是的，两个人在一起的日子久了，要分手也不是一次就可以分得开的。明明下定决心跟他分手，分开之后，却又舍不得，想要复合。真复合了，一段时间后，还是受不了他，于是真的下定决心再分手了。分开之后，又舍不得。很快，两个人又再次走在一起。

这个女人悲观地说："难道就这样过一辈子？"

舍不得他，是因为舍不得过去。和他一起曾经有过很快乐的日子，虽然现在比不上从前，但是他曾经是那么的好。于是怎舍得他？

离开之后又复合，是因为舍不得从前。每一次分手后，都用从前那段快乐的日子来原谅他。在回忆里，他是好的，于是就算了吧。

每一次都是无法忍受他，每一次真的要离开他了。可是又舍不得从前，于是再给他一次机会。每次对他有什么不满，就用从前最快乐的那段日子来原谅他。在回忆里，他是曾经拿过一百分的。

然而，快乐的回忆也有用完的一天。有一天，当你不得不承认那些美好的日子已经永远过去了，不能再用来原谅他，这个时候，你会舍得。

有道是："爱到尽头，覆水难收。"当爱远离，无论它是发生在自己或者对方身上，舍都是唯一的出路。此时要做的应该是没有余恨，没有深情，更没有心思和气力再做哪怕多一点的纠缠，有一天，当发现对于过去的一切你都不再"在乎",它们对你就会变得无所谓了,这段爱肯定也就停止了。这是最好的结果。

一个人如果真的珍惜那份感情,当对方要离开时,不如舍得放手,这样还保留了一份美好的情感。舍得的本意,是珍惜;放手的真义,是爱惜。爱情如此,其他的又何尝不是这样呢?

休别有鱼处,莫恋浅滩头,去时终需去,再三留不住。如果你真的在乎,该舍就舍吧。

放下是为了拿起

人的一生,是由一连串的选择组成。除了你的出生,所有的结果都源于你做出的选择结果。你选择了 A 大学,就意味着你放弃了 B 大学;你选择了李小姐做妻子,就意味着你放弃了其他女士……人会面临多种选择,选择时经常处于难以抉择状态。而难以抉择的原因,究其根本是心中"舍不得"。这也想要,那也想要,取舍乱己心扉。

14 世纪法国经院哲学家布利丹曾经讲过一个哲学故事:

有一头毛驴站在两堆数量、质量和与它的距离完全相等的干草之间。它虽然享有充分的选择自由,但由于两堆干草价值绝对相等,客观上无法分辨优劣,也就无法分清究竟选择哪一堆好,于是它始终站在原地不能举步,结果竟活活饿死。

这个关于选择的困惑后来被人们称之为"布利丹毛驴的困惑"。布利丹毛驴的困惑和悲剧也常折磨着人类,特别是一些缺乏社会阅历的初涉人世者。其实我们每一个人都遇到过布利丹毛驴所遇到的情形,常在"两捆难以辨别优劣或各有千秋的干草之间"做不出选择。而选择之难，就在于"舍不得"。因此，与其说一个人不知道如何选择，不如说他不知道如何舍弃。而一个人如果选择得当，其实也就是懂得舍弃道理。

人生很短，要想获得多，就要舍弃多。那些什么都不舍弃的人，是不可能获得他们想要的东西的，其结果必然是对自身生命最大的舍弃，让自己的一生永远处于碌碌无为之中。

有位记者曾经采访过一位事业上颇为成功的女士，请教她成功的秘诀，她的回答是——敢舍。她讲述了她的亲身经历，为了获得事业的成功，她舍弃了很多很多：优裕的城市生活、舒适的工作环境、数不清的假日……

有时，当提议朋友们一起聚会或集体旅游时，我们常常会听到朋友类似的抱怨：唉，有时间时没钱，有钱时又没有时间。其实，人生是不存在一种很完美的状态的，你只能在目前的情况与条件下做出自己的决定。选择没办法延迟，也许待你有好的条件时，你已经错过了选择的机会。

该放弃时一定要放弃，不放下你手中的东西，你又怎么会拿起另外的东西呢？

造物主不会让一个人把所有的好事都占全。鱼与熊掌不可兼得，有所得必有所失。从这个意义上说，任何获得都是以舍弃为代价的。曾听朋友说起过他们单位一个女人的故事，这个女人不惑之际时仍待字闺中。不是她不想结婚，也不是她条件不好，她过幸福的原因恰恰在于她想获得更多的幸福。或者说，由于她什么也不肯舍弃：对于平平者她不屑一顾；有才无貌者她看不上眼；等到看到才貌双全者了，自己地位低微又使个人的自尊心受到极大的刺痛……

生活中到底有没有她理想中的白马王子呢？也许有，但我猜想，那一定是在天上而不在人间。

每一次默默的舍弃，舍弃某个心仪已久却无缘分的朋友，舍弃某种投入却无收获的事，舍弃某种心灵的期望，舍弃某种思想，这时就会生出一种伤感，然而这种伤感并不妨碍我们去重新开始，在新的时空内将音乐重听一遍，将故事重讲一遍。

鱼与熊掌不可兼得

"鱼，我所欲也；熊掌，亦我所欲也，二者不可得兼，舍鱼而取熊掌也。"我们在漫长的人生旅途中，会遇到无数类似"鱼"和"熊掌"的问题，选择哪一个，放弃哪一个，都要自己做出判断。在这种两难的单选题中，要想得到更大的利益，让人生更加丰富多彩而不留遗憾，需要大智慧，即需要学会选择，也要学会放弃。

有得必有失，有取必有舍，选择与放弃形影不离。你选择了向东走，就放弃了向南、西和北三个方向。人生的选择，很多时候难就难在不愿意放弃。面对人生的得与失，人们怕的不是得，而是失。只有明确了得与失的辩证关系之后，才会在得失之间做出明智的选择。

美国石油大王约翰·D.洛克菲勒，33岁时就成了美国第一个百万富翁，43岁时创建了世界上最大的独立企业——标准石油公司，每周收入达100万美元。然而，他却是个只求"得"不愿"失"的资本家。一次，他托运400万美元的谷物。在途经伊利湖时，为避意外之灾，他投了保险。但谷物托运顺利，并未发生意外，于是，他为所交的150美元保险费而懊悔不已，伤心得失魂落魄，病倒在床上。他的这种不失、锱铢必较的思想观念，给他带来了很多烦恼，使他的身心健康受到了严重伤害。到53岁时，他"看起来像个木乃伊"，身上多种疾病发作，医生们为了挽救他的性命，为他做了心理咨询，告诉他只有两种选择：要么失去一定的金钱，要么失去自己的生命。在医生的帮助和治疗下，他对此终于有了深刻的醒悟。他开始为他人着想，热心捐助慈善和公益事业，他先后捐出几笔巨款援助芝加哥大学、塔斯基黑人大学，并成立了一个庞大的国际性基金会——洛克菲勒基金会——致力于消灭全世界各地的疾病、文盲和无知。洛克菲勒把钱捐给社会之后，感到了人生最大的满足，他再也不为失去的金钱而烦恼了。他轻松快活地又多活了45 年。

生活像一团火，能使人感到温暖，也能使人感到烦躁。经受了得与失的考验，人生就会变得和谐快乐。

对于得失，人的态度要坦然。所谓坦然，就是不要自寻烦恼，此其一；其二，就是得失皆宜，得而可喜，喜而不狂；失而不忧，忧而不虑。这种态度，比那种患得患失、斤斤计较的态度要开朗，比那种得不喜、失不忧的淡然态度要积极，要有热情。因为患得患失、斤斤计较是不理智的，不现实的。人该得则得，当舍则舍，才能坦然地面对得与失，找到生活的意义。这样的得失观也才是比较客观而又乐观的。生活中，有的"得"不是想得就能得的，有的"失"不是想失就可失去的；有的"得"是不能得的，有的"失"是不应失的。因此，当得者得之，当失者失之，不要得小而失大，也不要得大而失小。

对于得失、取舍要明智。必须权衡其价值、意义的大小，才能在取舍得失的过程中把握准确，明白该得到什么，不该得到什么；该失去什么，不该失去什么。比如，为了熊掌，可以失去鱼；为了所热爱的事业，可以失去消遣娱乐；为了纯真的爱情，可以失去诱人的金钱；为了科学与真理，可以失去利禄乃至生命。但是，决不能为了得到金钱而失去爱情，为了保全性命而失去气节，为了获取个人功名而失去人格，为了个人利益而抛弃集体乃至国家和民族的利益。

得与失之间并不是绝对相等的。在某一方面得到的多，可能在另一方面得到的少；在某一方面失去的多，可能在另一方面失去的少。比如，有的人在物质上得到的少，失去的多，但在精神上却得到的多，失去的少；有的人在精神上得到的少，失去的多，却在物质上得到的多，失去的少。由于各人的人生观、价值观不是绝对相同的，各人在得失上也不可能绝对相等。人生在世不可能得到所有的东西，也不会失去所有的东西。有所得必有所失，有所失必有所得，只是多少的问题、大小的问题、正反的问题、时间的问题。

其实有时会得到什么、失去什么，我们心里都很清楚，只是觉得每样东西都有它的好处，权衡利弊，哪样都舍不得放手。现实生活中并没有在同一情形下势均力敌的东西，它们总会有差别，因此，你应该选择那个对长远利益更重要的东西。有些东西，你以为这次放弃了就不会再出现，可当你真的放弃了，你会发现它在日后仍然不断出现，和当初它来到你身边的时候没有任何不同。所以那些在你不经意间失去的并不重要的东西，可能完全可以重新争取回来。

减省几分，便超脱几分

老家有年前大扫除的风俗，要将平时的物件逐一清理，该保留的妥善保留，该抛弃的立即抛弃，每逢这个时候，我常常惊讶自己在过去短短几年内，竟然积累了那么多的东西？

人心又何尝不是如此！在人的心中，每个人不都是在不断地累积东西？这些东西包括你的名誉、地位、财富、亲情、人际、健康、知识，等等。另外，当然也包括了烦恼、郁闷、挫折、沮丧、压力等等。这些东西，有的早该丢弃而未丢弃，有的则是早该储存而未储存。

不妨问自己一个问题：我是不是每天忙忙碌碌，把自己弄得疲惫不堪，以至于总是没能好好静下来，替自己的心灵做清扫？

对那些会拖累自己的东西，必须立刻放弃——这是心灵大扫除的意义，就好像是生意人的"盘点库存"。你总要了解仓库里还有什么，某些货物如果不能限期销售出去，最后很可能会因积压过多拖垮你的生意。很多人都喜欢房子清扫过后焕然一新的感觉。你在擦拭掉门窗上的尘埃与地面上的污垢后，是否整个人好像突然得到一种不同心情。这是一种"成就感"，虽然它很小，但能给人带来愉悦。

在人生诸多关口上，人们几乎随时随地都得做"清扫"。念书、出国、就业、结婚、离婚、生子、换工作、退休……每一次的转折，都迫使我们不得不"丢掉旧的你，接纳新的你"，把自己重新"打扫一遍"。

不过，有时候某些因素也会阻碍人们放手进行"扫除"。譬如，太忙、太累；或者担心扫完之后，必须面对一个未知的开始，而你又不能确定哪些是你想要的。万一现在丢掉的，将来需要时捡不回又该怎么办？

的确，心灵清扫原本就是一种挣扎与奋斗的过程。不过，你可以告诉自己：每一次的清扫，并不表示这就是最后一次。而且，没有人规定你必须一次全部扫干净，你可以每次扫一点，但你必须立刻丢弃那些会拖累你的东西。

人生不需要太多的行李。减省几分，便超脱几分。人的心灵毕竟无法做到"菩提本无树，明镜亦非台"的佛家最高境界，但可以做到"时时勤拂拭，毋使染尘埃"！

舍小救大，屈一伸万

俗话说："吃亏是福，吃小亏占大便宜。"但是吃亏也是有技巧的，会吃亏的人，亏吃在明处，便宜占在暗处，吃亏是一种大智慧，但在现实生活中能够理解并做到这点却很难。世上有多少人为了自身的利益，为了不吃亏、少吃亏，或为了多占便宜而演出一幕幕你争我夺的闹剧。古话说："人为财死，鸟为食亡"，即说明不舍财的贪婪心理，说得真是入木三分。

但吃亏与占便宜，正如祸和福一样，是可以相互依存和相互转化的。

可能有人会问，吃亏就是吃亏，占便宜就是占便宜，怎么能说吃亏反而是福呢？我们不妨换个角度来考虑这个问题：吃点亏，一是内心平静，不七上八下；二是得到旁观者的同情，落个好人缘；三是这次虽吃点亏，但因获得了道义上的支持，下次可能会得到许多，何亏之有？反之，占了他人的便宜，发不义之财，心理上能安稳吗？而且还会失去人缘，落个坏名声。如果因为占一次便宜而堵了自己以后的路，更是得不偿失。所以，吃亏表面上是亏，其实是福；占便宜表面上是福，其实是祸。

不怕吃亏的人一般都不斤斤计较，相反，总爱贪便宜的人最终"贪"不到真正的便宜，而且还会留下骂名，甚至因贪小便宜而毁灭自己。

要做到不计较吃亏，甚至主动吃亏，就需要忍让，需要装糊涂。在得失上装装糊涂就能更好地体会到吃亏是福的深刻含义了。

曾经有人说过这么一段极富哲理的话："福祸两字半边一样，半边不一样，就是说，两字相互牵连着。所以说，凡遇好事的时候不能张狂，张狂过了头，后边就有难事；凡遇到难事的时候也不用忍着受着，能解决解决。解决过，好事跟着就来了。"

"吃亏是福"的奥妙是让着别人，不与人争强斗胜。这需要容忍，需要装糊涂。把钱财视为身外之物，不要过分计较，患得患失。这是"吃亏是福"的道理。

郑板桥说："为人处，即是为己处。"意思是，替别人打算，就是为自己打算。这与今天所谓"我为人人，人人为我"是同样的道理。如果大家都能有吃亏的精神，那么这个世界岂不是美好得多？这样看来，吃亏就不仅是个人的福分，而是人类的福分了。当然，这并不是说，人立身行事，或在一切商业、政治、外交中，都要讲究吃亏，原则问题不能吃亏。

从客观的角度说，一个人只要愿意吃小亏、敢于吃小亏，不去事事占便宜、讨好处，日后必有"大便宜"可得，也必能修成"正果"。因此，要想"占大便宜"，就必须能够吃小亏，敢于吃小亏，这甚至可以说是一条规律。那种事事处处要占便宜的人、不愿吃亏的人，到头来反而会吃大亏。

杨士奇是明朝时历任五代王朝的大臣。他为人谦恭礼让，以正理待人，从不存有偏见，受到历代君臣的称赞。

自明惠帝以后多年，杨士奇曾担任少傅、大学士等官职，明仁宗即位之后，让他兼任礼部尚书，不久又改兼兵部尚书。

对此，杨士奇心中很是不安，向仁宗皇帝辞谢，他说："我现任少傅、大学士等职务，再任尚书一职，有些名不符实，更怕群臣在背后指责。"仁宗皇帝劝解说："黄淮、金幼孜等人都是身兼三职，并未受人指责。别人是不会指责你的，你就不要推辞了！"杨士奇见君命难违，不能再推，就诚心实意地请求辞掉兵部尚书的薪俸。他认为，兵部尚书的职务可以担任，工作也可以做，但丰厚薪俸不能再接受。仁宗皇帝说："你在朝廷任职20余年，我因此特地要奖赏你才给予你这种经济待遇的，你就不必推辞了。""尚书每日的俸禄可供养 60 名壮士，我现在获得两份薪俸都已觉得过分了，怎么能再加呢？"杨士奇再三解释说。这时身旁的另一名大臣顺势插话劝解说："你可以辞掉大学士那份最低的薪俸嘛。"杨士奇说："我有心辞掉俸禄，就应该挑最丰厚的相辞，何必图虚名呢？"仁宗皇帝见他态度这样坚决，又确实出于真心，终于答应了他的请求。

杨士奇能够让出自己的俸禄，是难能可贵的，也正因为他主动让利，才使皇帝觉得他忠诚可靠，一心为国，不谋私利，是靠得住的大臣。这也是他能够在钩心斗角的朝廷之中安然度过了五代王朝的根本原因，哪一个做皇帝的不想用一个可靠的臣子呢？生活中也是一样，谁不想找几个可靠的人做合作伙伴和下属呢。从表面上看，杨士奇辞去俸禄是吃了亏，但正是这样才使皇帝觉得他可以重用，从而放心长时间地让他在朝廷中担任要职，由此杨士奇就可以更稳妥地抱着金饭碗享用一生。可见杨士奇吃了个小亏，却"占了个大便宜"。

人与人相处，难免会出现磕磕碰碰。遇到矛盾，双方起了摩擦该如何解决呢？是毫不相让，还是吃点亏达成谅解呢

康熙年间的某一天，一人骑快马跑进宰相府。这并不是天下出了什么大事，而是宰相张英收到一封来自安徽桐城老家的信。

原来，他们家与邻居叶家发生了地界纠纷。两家大院的宅地，大约都是祖上的产业，时间久远了，地界便不怎么清晰了，这本来就是一笔糊涂账。但是两家都想占便宜，他们往往过分相信自己的小算盘。于是两家的争执顿起，公说公有理，婆说婆有理，谁也不肯让一丝一毫。由于牵涉到宰相大人，官府都不愿沾惹是非，纠纷越闹越大，张家只好把这件事告诉张英。

张英看过来信，只是释然一笑，旁边的人面面相觑，莫名其妙，只见张大人挥起大笔，一首诗一挥而就。诗曰："千里家书只为墙，让他三尺又何妨。

万里长城今犹在，不见当年秦始皇。"然后将诗交给来人，命快速带回老家。

家里人接到书信，很是意外。虽然不情愿但还是决定按照张英的意思办？立即拆让三尺。邻居们都交口称赞张英和他的家人的旷达态度。

对宰相一家的忍让行为，叶家十分感动。全家一致同意也把围墙向后退三尺。两家人的争端很快平息了，于是两家之间，空了一条巷子，有六尺宽，其中有张家的一半，也有叶家的一半。这条百余多米长的巷子很短，但留给人们的思索却很长。

张英位居一人之下万人之上的宰相，权威显赫，如果在处理自家与叶家的矛盾时，稍稍打个招呼，露点口风，肯定不是这样的结果，叶家肯定无力抗衡；再进一步，如果要通过地方政府干涉，叶家更会吃不了兜着走。但张英没有以权势压人，而是自己吃点小亏，礼让邻居。殊不知他这么做表面看来是家里吃了亏，但实际上却为自己赢得了正直、无私的好名声，没有吃半点亏。

贪慕虚名容易迷失自我

生活中，有人贪财，有人贪色，有人却贪图名声。当然，在一定程度上说，人贪图名声并没有什么大错。但对名声的追求，如果超出了限度，超出了理智时，常常会迷失自我。人不是你想干什么就可以干什么，也不是名声要你干什么你就能干什么。

20世纪初，法国巴黎举行过一次十分有趣的小提琴演奏会，这个演奏会主办者为了一个水平不高的小提琴演奏家准备开独奏音乐会，那个小提琴演奏家为了出名，想了一个主意，请乔治·艾涅斯库为他伴奏。

乔治·艾涅斯库是罗马尼亚著名作曲家、小提琴家、指挥家和钢琴家——被人们誉为"音乐大师"。大师经不住他的请求,答应了。并且还请了一位著名钢琴家临时帮忙在台上翻谱。那个小提琴演奏家如期在音乐厅举行了独奏音乐会。

但是,第二天巴黎有家报纸用地道的法兰西式的俏皮口气报道:"昨天晚上进行了一场十分有趣的音乐会,那个应该拉小提琴的人不知道为什么在弹钢琴;那个应该弹钢琴的人却在翻谱子;那个顶多只能翻谱子的人,却在拉小提琴!"

这个真实的故事告诉世人,一味追求名声的人,想让人家看到他的长处,结果人家却偏偏看到了他的短处。

德国生命哲学的先驱者叔本华说:"凡是为野心所驱使,不顾自身的兴趣与快乐而拼命苦干的人,多半不会留下不朽的遗作。反而是那些追求真理与美善,避开邪念,公然向恶势力挑战并且蔑视它的错误之人,往往得以千古留名。"

1903 年美国的莱特兄弟发明了飞机,并首次飞行试验成功后,名扬全球。一次,有一位记者好不容易找到兄弟俩人,要给他们拍照,弟弟奥维尔·莱特谢绝了记者的请求,他说:"为什么要让那么多的人知道我俩的相貌呢?"

当记者要求哥哥威尔伯·莱特发表讲话时,威尔伯回答道:"先生,你可知道,鹦鹉叫得呱呱响,但是它却不能翱翔于蓝天。"就这样,兄弟俩视荣誉如粪土,不写自传,也从不接待新闻记者,更不喜欢抛头露面显示自己。有一次,奥维尔从口袋里取手帕时,带出来一条红丝带,姐姐见了问他是什么东西,他毫不在意地说:"哦,我忘记告诉你了,这是法国政府今天下午发给我的荣誉奖章。"

居里夫人是发现镭元素的著名科学家,为人类做出了卓越的贡献,她又是怎样对待名声和荣誉的呢？

一天，居里夫人的一个女友来她家做客，忽然看见她的小女儿正在玩英国皇家学会刚刚奖给她的一枚金质奖章，便大吃一惊，忙问："玛丽亚，能够得到一枚英国皇家学会的奖章可是极高的荣誉，你怎么能给孩子玩呢？"居里夫人笑了笑说："我是想让孩子从小就知道，荣誉就像玩具，只能玩玩而已，绝不能永远守着它，否则就将一事无成。"

谚语云："名声躲避追求的人，却去追求躲避它的人。"这是为什么？叔本华回答得很好，"这只因前者过分顺应世俗，而后者能够大胆反抗的缘故。"

就名声本身而言，有好名声，也有坏名声，还有不好不坏的名声。每个人都喜欢好名声，鄙视坏名声，这是人之常情。有人称名声为人生的第二生命，有人认为名声的丧失，有如生命的死亡。蒙古族还有一句谚语：宁可折断骨头，也不损坏名声。这些话都是教育人们要维护自己的好名声，做人就要做个堂堂正正的人，不干那些损坏名声之事。名声是一个人追求理想，完善自我的努力过程，但不应该视作人生的目标。一个人如果把追求名声作为自己追求的人生目标，处处卖弄自己，显示自己，就会超出限度和理智，并无形中降低了自己的人格。

人生有挫折，也有收获。人会从幼稚走向成熟，抛弃贪婪，追求真正的目标

扔掉多余的行李，轻松前行

大卫是纽约一家大报社的记者，由于工作的缘故，经常在外地跑。一天，他又要赴外地采访，像往常一样，收拾好行李，一共3件。一个大皮箱装了

几件衬衣、几条领带和一套讲究的晚礼服。一个小皮箱装采访用的照相机、笔记本和几本工具书。还有一个小皮包，装一些剃须刀之类的随身用品。然后，他像往常一样和妻子匆匆告别，奔向机场。

工作人员通知他，他要搭乘的飞机因故不能起飞，他只好换乘下一班飞机。在机场等了两个多小时，他才搭上飞机。

飞机起飞时，他像往常一样，开始计划到达目的地的行程安排，利用短暂的时间做好采访前的准备。正当他绞尽脑汁地投入工作时，飞机突然剧烈地震荡了一下，接着，又是几下震荡，他的第一个反应是：飞机遇到了故障。

空中小姐告诉大家系好安全带，飞机只是遇到气流，一会儿就好了。大卫靠在座位上，也许是出于职业敏感，从刚才的震荡中，他意识到飞机遇到的麻烦不像空中小姐说的那么简单。

果然，飞机又接连几次颠簸，而且越来越剧烈。广播里传来空中小姐的声音，这时，其他乘务员也站在机舱里，告诉大家飞机出了故障，已经和机场取得联系，设法安全返回。现在，飞机正在下落，为了安全起见，乘务员要求乘客把行李扔下去，以减轻飞机的重量。

大卫把自己的大皮箱从行李架上取下来，交给乘务员扔下去，又把随身带的皮包交出去。飞机还在下落，大卫犹豫片刻，才把小皮箱取下扔出去。这时，飞机下落速度开始减慢，但依然在下落，机上的乘客骚动起来，婴儿开始哭叫，几个女人也在哭泣。

大卫深深地吸了一口气，尽量使自己保持平静，他想起妻子，早晨告别时太匆忙，只是匆匆地吻了一下，假如他们就此永别，这将是他终生的遗憾。他把随身的皮夹、钢笔、小笔记本掏出来，匆匆给妻子写下简短的遗书："亲爱的，如果我走了，请别太悲伤。我在一个月前刚买了一份意外保险，放在书架上第一层那几本新书的夹页里，我还没来得及告诉你，没想到这么快就会用上。如果你从我身上发现这张纸条，就能找到那张保险单的，原谅我，不能继续爱你。好好保重，爱你的大卫。"

大卫以最大的毅力驱除内心的恐惧，帮助工作人员安慰那些因恐惧而恸哭的妇女和儿童，帮着大家穿救生衣。在关键时刻，越是冷静危险就越小，生还的可能性就越大。

最后的时刻终于到了，大卫闭上眼睛在一阵刺耳的尖叫混合着巨大的轰隆声中，他感到一阵撞击，他在心中和妻子、亲人做最后的告别。

不知过了多长时间，大卫睁开眼睛，发现自己还活着，而周围一片哭喊。他一下跳起来，眼前的一切惨不忍睹，有的人倒在地上，有的人在流血，有的人在痛苦地呻吟，他连忙加入救助伤员的队伍中。

当妻子哭着向他奔来时，他还抱着不知是谁的孩子。这一回，他长长地吻着早晨刚刚别离却仿佛别离一世的妻子。

那一次，只有1/3的乘客得以生还，而大卫竟毫发无损。当然，他损失了3件行李，损失了一次原定的采访，不过，他对此次空难的亲身体会却上了纽约各大报纸的头版。

当我们背负起沉重的包袱艰难前行时，当我们为了丢失某件行李而悲痛伤心时，我们不妨想一想：那些包袱与行李真的是如此重要吗？

人生不需要太多的行李。只要有爱的存在，就够了。

第七章

破除执念，拥抱糊涂

有时候我们感觉心里堵得慌。这些的堵，影响到我们的情绪发生起伏。

为什么不将堵在心里的东西清除掉呢？——因为太执著。认定的事一定要做好，认定的理一定要执行，认定的人一定要得到……却从不想想，凭什么你认定了的就一定要归你？

当心灵被各种欲望、执着所塞满，人就很容易走入偏激的死胡同。古人云：心空乃大，无欲则刚。佛家则认为，人要成佛，首先得"破执"。简单地说，破执也就是破除心中的执着。《金刚经》中有云，"应无所住而生其心。"这句话的意译是：执著是一个人的内心最顽固的枷锁。放下执着，少些计较，就能让心的力量释放出来，自由地发挥它的作用。

从现在起，做人做事"糊涂"一点，不必太贪念，不必太执着，在自己的心灵中开垦出一片空地，让鲜花可以生长，让小鸟能够嬉戏。一年四季，你的内心都会那么空灵、静谧与惬意。

面朝大海，春暖花开。

虚无为根，柔弱为用

虚——天地之大，以无为心；圣人虽大，以虚为主。虚己待人就是能接受人，虚己接物就是能容纳万物，虚己处世就是能圆融于世。人只有先虚己，才能承受百实，人只有化解百怨，才能以谦虚为本。虚已是处世求存的良策之一，人能虚己无我，就能与人无争、与物无争，而不争如水润万物，不争能得。

老子说："道是看不见的虚体，宽虚无物，但它的作用却无穷无尽，不可估量。它是那样深沉，好像是万物的主宰，它磨掉了锐气，让自己不露锋芒，解除了纷乱烦扰，让自己的光芒隐蔽，宽虚是那样深沉而无形无象，好像存在，又好像不存在。"

老子说："圣人治理天下，是使人们头脑简单、淳朴，填满他们的肚腹，削弱他们的意志，增强他们的健康体魄。尽力使心灵的虚寂达到极点，使生活清静、坚守不变。使万物都一齐蓬勃生长，从而考察它往复的道理。"这些都说明了静虚的大作用。从道家的观念看来，处世，贵在"以虚无为根本，以柔弱为实用。"

虚，就是能容纳万事万物，无就是能生长，就是能变化；柔就是不刚而能圆融，弱就是不争胜而可持守。随着时间的推移，能不断地变化而自省，顺应万物，和谐相宜。虚己待人就是能接受他人，虚己接物就是能容纳万物，虚己用世就是能转圜于世，虚己用天下就事能包容天下。虚戒极、戒盈，极而能虚就不会倾斜，盈而能虚就不会外溢。

身处高位而倚仗权势，可引来杀身之祸。胡惟庸、石亨是这样。有士才而不谦虚，以引来杀身之祸，卢柟、徐渭是这样。积财而不散，可引来杀身之祸，沈季、徐百万是这样。人恃才妄为，可招杀身之祸，林章、陆成秀是这样。异端横议，可招杀身之祸，李贽、达观是这样。反之，就能免除祸殃。造成这些人的后果其实都是不能虚己。

鲲鹏歇息六个月后，振翅高飞，能扶摇直上九万里。人知足不会受辱，知止不会有危险。凡事如此。古人说：到了最极端而不可再增加，势必反轻。居于局内的人，应经常保留回旋的余地。伸缩进退自如，就是处世的好方法。

虚而不实、不争，才不致受外物迷惑引诱，才能坚守内心的真我，保持本色的风格。虚己能随时培养自己品德，处处保留回旋的余地，任凭纷争无限，皆可全身而存。"虚"能不骄不傲，接受万事万物的挑战，从中领受有益的养分以滋养自身，充盈自我。虚怀若谷，这都是不自负、不自满、不粘不滞、不武断，学习他人之长，反省自己之短，如此，他人才会乐意助你。能够虚己的人，不仅能保全自身，而且还可以培养自己的度量。

虚己处世，千万求功不可占尽，求名不可享尽，求利不可得尽，求事不可做尽。如果自己感觉到处处不如人，便要处处谦下揖让；处处恬退无争。

历史记载：东汉时期建初元年（公元76年），肃宗即位，尊立马后为太后，准备对几位舅舅封爵位，太后不答应。第二年夏季大旱灾，很多人都说是不封外戚的原因。太后下诏谕说："凡是说及这件事的人，都是想献媚于我，以便得到福禄。从前王氏五侯，同时受封，黄雾四起，也没有听说有及时雨来回应。先帝慎防舅氏，不准居于重要的位置，怎么能以我马氏来对比阴氏呢？"

太后始终坚决不同意。肃宗反复看诏书，很是悲叹，一再请求太后。太后回道："我曾经观察过富贵的人家，禄位重叠，好比结实的树木，它的根必然受到伤害。而且人之所以希望封侯，是想上求祭祀，下求温饱。现在祭祀则受四方的珍品，饮食领受到皇府中的赏赐，这还不满足吗？还想得到封侯吗？"马太后能居高思倾，居安思危，处己以虚，持而不盈，而且还能使各位舅氏处于"虚而不满"之中，以避免后来的嫉妒与倾败，可以说极为有远见。从这段话中，还能看到她公正无私、识大体的胸怀。

以虚为大实，以无为大有，以不用为大用。是道家处世的妙理。它们宣扬人们取实，我独取虚；人们取有，我独取无；人们都争上，我独争下；人们都争有用，我独争无用。这争取的是小得、小有、小用，不争的才是大得、大有、大用。

庄子说："山上的树木长大了，自然用来作燃料；肉桂能食，所以遭到砍伐；胶漆有益，所以受到割取；人们都知道有用的作用，而不知道无用的作用。"

河蚌因珍珠珍贵稀少而受伤害，狐狸因皮毛珍贵而被猎取。有虚己之心的人，应该把有形隐藏到无形之中，把自有隐藏到虚无之中，做到如古人所说："大直若屈，大巧若拙，大辩若讷"的境界，才能体会到虚己的妙用。

淡泊明志，宁静致远

很多人心中有了太多的欲望，就会徒生烦恼。他们不懂满足，或埋怨自己没有生在富贵之家，或抱怨子孙们不能个个如龙似凤……

有个可怜的人死后进入天堂，上帝召见了他。这个人对着上帝哭诉了自己在人间的种种苦难，仁慈怜悯的上帝决定在这个人下一次投胎时，让他过上一种美好的生活。于是上帝问他："告诉我你下次投胎的愿望，我将尽量满足你。"

这个人回答道："我希望我很有钱，很有才华，长得英俊潇洒，能获得最高的学位，当上高官成为有名望的人，别墅香车不能少，当然还要有一个美丽贤惠的娇妻和一双聪明伶俐的儿女……"

他的话还没有说完，就被上帝打断了。上帝说："老兄，世界上如果有这么美好的事情，我还不如把我的位子让给你，由你安排我投胎去那里好了！"

——瞧，上帝过也的也不是那么如意的生活，他也无法给人一个事事如意的人生。

知足与不知足是一个量化的过程。我们不可能把知足一直停留在某一个水平线上，也不可能把不知足固定在某一个需要上。不同的年代，不同的环境，不同的阶层，不同的年龄，不同的生活经历，知足与不知足总是会相互转化。

知足使人感到平静、安详、达观、超脱；不知足使人骚动、搏击、进取、奋斗。知足者在知不可行，不行，不知足者在不行，却必行。人若知不可行而勉为其难，势必劳而无功，在知可行而不行，这有违规律。这两者之间实际上都有一个"度"的问题。度就是分寸，是智慧，更是水平，犹如只有在合适温度的条件下，树木才能够发芽，钢只有在火中淬炼才能炼成生铁。《渔夫和金鱼》中的那个老太婆，由于不懂知足，成为最大失败者，她错就错在没有把握好知足这个"度"。

人在知足与不知足之间，应更多地倾向于知足。因为知足会使我们心地坦然。无所取，无所需，同时还不会有太多的思想负荷。人在知足的心态下，一切都会变得合理、正常且坦然，因为在这种境遇下，人不会有什么不切合实际的欲望与要求呢。

学会知足，我们才能用一种超然的心态去面对眼前的一切，不以物喜，不以己悲，不做世间功利的奴隶，也不为凡尘中各种搅扰、牵累、烦恼所左右，使自己的人生不断得以升华；学会知足，我们才能在当今社会愈演愈烈的物欲和令人眼花缭乱、目迷神惑的世相百态面前神凝气静，做到坚守自己的精神家园，执着地追求自己的人生目标；学会知足，能够使我们的生活多一些光亮，多一份感觉，不必为过去的得失而感到后悔，也不会为现在的失意而烦恼。从而摆脱虚荣，宠辱不惊，心境达到看山心静，看湖心宽，看树心朴，看星心明……

知足是一种极高的境界。知足的人总能够做到微笑地面对眼前的生活，在知足的人眼里，世界上没有解决不了的问题，没有趟不过去的河，没有跨不过去的坎，他们会为自己寻找一条合适的前行之路，而绝不会庸人自扰。知足的人，是快乐轻松的人。

知足是一种大度。"大肚"能容下天下纷繁的事，在知足者的眼里，一切纷争和索取都显得多余。因为在他们的天平上，没有比知足更容易求得心理平衡了。

知足是一种宽容。对他人宽容，对社会宽容，对自己宽容，做到这些就能够得到一个相对宽松的生存环境，这实在是一件值得庆贺的事情。知足常乐，说的也是这个道理。

知足最可贵的地方是能够战胜自我，善待他人，善待自己。唯有知足者才能够正视现实、善于拼搏、善于总结教训、善于学习他人、谦虚谨慎、不卑不亢，才能在社会坐标上找到自己的位置，实现自己人生中的真正价值，从而使自己的人生充满激情，希望常在。

淡泊明志，宁静致远。那些终日为了贪欲而处心积虑的人，不仅丧失做人的乐趣，还会丧失别人对你的好感。

放慢脚步，让灵魂跟上

在墨西哥，有位学者要到高山顶上印加人的城市去，于是他雇了一群印加挑夫帮他运送行李。

在途中，这群挑夫突然坐下来不走了，学者火急火燎地催促也没有效果，并且他们一坐就是几个小时。

后来，他们的首领说出挑夫不走的理由。因为他们觉得人要是走得太快了，就会把灵魂丢在后面，所以，他们走一段时间，就需要停下来等等灵魂。

人走得太快，要是不停下来等一等的话，就会丢失灵魂！这话真是让人听了如醍醐灌顶。是的，人们为了更好地生活，为了更大限度地实现自身价值，一直会努力地奔跑，甚至玩命地拼搏，但人生短暂啊，所以，不能虚度……结果，一个个都成了与时间赛跑、与命运决斗的机器。

人奋斗到什么时候才是尽头呢？是家财万贯？官位好高……都不是，如果不知道停歇的话，奋斗永远没有尽头。《菜根谭》里有这样一句话："忧勤是美德，太苦则无以适性怡情。"这句话其实和墨西哥那些挑夫所谓的"等等灵魂说"有异曲同工之妙。这句话的大意是说，尽心尽力去做是一种很好的美德，但是过于辛苦地投入，就会让自己失去愉快的心情和爽朗的精神。灵魂也好，愉快的心情和气爽的精神也罢，都是人的幸福之本。没有灵魂，人不过是行尸走肉而已；没有愉快的心情和气爽的精神，还有什么人生的乐趣呢？

年轻时，是人生最应该努力奋斗的时候，努力奋斗是人一项优秀的品质，但努力也应该有限度。不少年轻人都难免有为别人而活的感慨：为公司、为社会、为父母、为老婆、为孩子、为朋友、甚至为邻居——其实，有些是你的义务，有些是你的责任，你要在很多事情中，忙得团团转的事情中，腾出时间与精力休息一下，清理清理心灵，让自己放松放松。

比如，就像你与恋人或好友订下约会一样，除非有意外事故，否则你要谨守约定。和自己订约会的方法其实很简单：在日历上画出几个不让任何人打扰的空白日子。一周一次或一个月一次都可以，而且时间长短不限，就算只是几小时也可以，重点在于你为自己留下一点空白，这点空白的时光对你的心灵有平衡与滋养、抚慰的作用。其次，是当别人要跟你约定时间时，你不能轻易答应，你要珍惜自己这样的时光，甚至将它看得比任何时光都重要。别担心，你这样做了，不会因此而变成一个自私的人，相反，当你再度感到生命是属于自己的时候，你会感到无尽的欢乐，也能更轻易地满足别人的需要。

好了，让我们读一首英国作家威廉·亨利·戴维斯的小诗，以此来体会什么是享受悠闲的欢乐，如何享受悠闲的快乐！

这不叫什么生活，

总是忙忙碌碌，

没有停一停，看一看的时间。

没有时间站在树荫下，

像小羊那样尽情瞻望。

没有时间看到，

在走过树林时，

松鼠把壳果往草丛里搬。

没有时间看到，

在大好阳光下，

流水像夜空般群星点点闪闪。

没有时间注意到少女的流盼，

观赏她双足起舞蹁跹。

没有时间等待她眉间的柔情，

展开成唇边的微笑。

不要希冀自己永不凋谢

一个国王独自到花园里散步，使他万分诧异的是，花园里很多的花草树木都枯萎了，园中一片荒凉。后来国王了解到，橡树由于没有松树那么高大挺拔，因此轻生厌世死了；松树因为自己不能像葡萄那样结许多果子，伤心死了；葡萄哀叹自己终日匍匐在架上，不能直立，不能像桃树那样开出美丽可爱的花朵，于是愁死了；牵牛花也病倒了，因为它叹息自己没有紫丁香那样吐露芬芳气味；其余的植物也都垂头丧气、没精打采，只有那细小的心安草在茂盛地生长。

国王又来到花园，问心安草："小小的心安草啊，别的植物全都枯萎了，为什么你却这么勇敢乐观，毫不沮丧呢？"

心安草回答说："国王啊，我一点也不灰心失望，因为我知道，如果国王您想要一棵橡树，或者一棵松树、一丛葡萄、一株桃树、一株牵牛花、一棵紫丁香什么的，您就会叫园丁把它们种上，而我只能安心做小小的心安草，因为我太不起眼了。"

也许有人会认为，甘心做一棵"无人知道的小草"的想法过于消极。可世界是由丰富多彩的万千物态组成，每个人都有属于自己的角色，重要的不在于我们做什么，而在于我们能否成为一个最好的自己，接受自己并深深地喜欢自己。

近年来，"平常心"这个词经常出现在人们的口中或笔下，每当人们面对得失成败、贫富穷困或生老病死时，往往会说："要有一颗平常心……"

但什么是"平常心"呢？平常心通俗地说，是我们日常生活中经常会出现的对周围所发生的事情的一种心态。平常心是一种平凡、自然的心态。当然，平常心说起来容易，真正做到却并不是那么简单的。

有个故事讲的是一个人射箭，拉弓去射挂在树上的瓦片时，一次次都射中了；等到拉弓去射挂在树上的金片时，却无论如何也射不中。人还是那个人，弓还是那把弓，为何前后结果如此悬殊？原来，那瓦片太平常，射箭人的心态也就平静，眼不花手不抖，自然百发百中；然而碰到了价值不菲的金片，心态就不平常了，太想得到，结果却得不到。

人应该学学花木，开得自然，谢得也自然，即使是国色天香的牡丹，落也爽然落去！人不要希冀自己永远不凋谢！百花都会有开有落，人也一样，总有得意与失意之时，得意时莫骄傲自大；失意时莫悲观低落，无论何时，应持有一份平常心。

有平常心在，人便少了几分浮躁，多了一些宁静，就会把自己和别人平等起来，会读懂他人，同时也会读懂自己。人有平常心在，便能坦然接受人生的起起落落及世事无常的变化，从而踏踏实实地去走好每一步，认认真真地去过好每一天。

明日忧虑明日忧

一个人为了完成他赶骆驼运货的任务，一路上愁眉苦脸。骆驼问他："你为什么事情而不开心呢？"

这人回答："我在想，如果跋山涉水，你将难以胜任这些旅程啊。"

骆驼问他："你为什么要担心我呢？我号称'沙漠之舟'，我怎么会不能胜任旅程呢？"

结果，骆驼圆满完成了任务。

"人无远虑，必有近忧"。在我们的传统文化中，有很多提倡与鼓励对未来进行未雨绸缪。事实上，忧虑不仅不能使人无法更有效地处理未来的一切，由于忧虑是非理性的，而所忧虑的人和事又多半是无法控制与把握的，更会给人心理带来压力。人固然可以永无止境地忧虑，因为思考是人的本能。但无意义的忧虑并不能给人带来快乐、勇气或者健康，反而成为前进的阻力。人毕竟不是一个超人，无法控制万事万物。而且，当你所担忧的灾难真的一旦发生时，有时也并不见得像你想象的那么可怕与不可思议，你会找出解决的方法和路径。

父亲和一男一女两个孩子一起在家中欣赏一部影片，剧中男女主角演到情浓处开始拥吻，而且双手随着轻音乐的节奏欲轻解罗衫。

这时父亲不停地斜过头，瞄着两个孩子的反应。心想他们都还未成年，实在是不适合看这种镜头；想拿过遥控器将电视关掉，又不知孩子会怎么想。

正当父亲如热锅上的蚂蚁坐立难安之际，女孩感受到父亲焦虑的情绪，轻松地说："爸，放心啦，只要待会儿剧里电话一响，这个镜头就会消失了，别紧张——"

男孩在一旁也接口道："对呀，这部片子我们看过好几次了。"

你是否也曾经历类似的情境？怀着恐惧、忧虑的深刻情绪，去面对一个令自己无比担忧的状况，不知将有什么样难以控制的恐怖后果；但是，很多事情到来时，不过发现其实也不什么，有时自己的担心真是多余的。忧虑常像一笔根本不存在的债务，但人们却事先支付了很多的利息。

亚瑟·史马斯·洛克说："忧虑是流过心头那条汇集恐惧的小溪。如果水流增加，它就会变成带动所有思绪的河川。"

过度忧虑所造成人的紧张不安，经证实这种情绪是对人体有害的。既然如此，我们更应该努力去寻找一个化解不安、疏解压力的渠道，别让自己的思虑钻入牛角尖，且执意越钻越深，最终让自己心力交瘁。犹太人有句谚语："只有一种忧虑是正确的，那就是为忧虑太多而忧虑。"

实际上，绝大多数忧虑都是没有任何意义的。不信，把自己的忧虑清查一番，你会发现它们多半是没有根据的。不要杞人忧天，那些杞人总在担心：事情会不会变得糟糕？假如这样会如何？那样又会如何？其实，事情要来时自然会来，我们没有必要成天为了自己想象中的事而担忧、苦恼。我们需要做的是把当下的每一件事情做好，明日有忧虑，解决就可以了。

其实，把人生的一切看得淡泊一点，你便会觉得人世间实在是没什么可值得让人忧虑的！当你能够做到这一点时，你会发现忧虑是你自己找的，当然，不要把忧虑和未雨绸缪相混淆。如果你是在做出应对各种危机可能发生的预案，那么现在的各项思想活动均有助于未来，这不是忧虑。未雨绸缪与忧虑的最大区别在于，前者是主动的、理性的，而后者则是被动的、非理性的。

三步教你摆脱忧虑

世界上有成千上万的人因为忧虑而毁了自己的生活，因为他们拒绝接受已经出现的最坏情况，不肯由此进行改进，对忧虑只是停留在思考而不是行动。

心理忧虑是很多人无法摆脱的一种苦痛，其原因：一是竞争压力太大，二是没有良好的心理处方。成大事者处理忧虑的办法倒也很简单："接受我所不能改变的，改变我所不能接受的。"

有一个笑话，说的是有一个酒鬼疑心他在一次醉酒中把一个酒瓶子吞了下去，为此他整天忧虑不已，最后到医院要求开刀取出酒瓶。医生拿他没办法，只好给他开刀，然后拿出一只预先准备好的酒瓶骗他，不料他说他吞下的酒瓶不是这个牌子的，医生只好再开刀骗他一次。

1999 年，有个青年听信了世界末日将要到来的传闻，拿出他辛苦多年的所有积蓄到一个酒店里大吃大喝，醉酒醒来后发现自己躺在医院里，原来他大醉后在路旁把自己摔伤了，幸亏被好心人送到医院，否则，他真的就到了末日。

这些无根据的杞人忧天生活中很多，那么，如何有效消除忧虑呢？有个简单办法，这个办法是威利·卡瑞尔发明的。卡瑞尔是一个很聪明的工程师，他开创了空调制造业，现在是瑞西卡瑞尔公司的负责人。而他认为解决忧虑的最好办法，竟然是在纽约的工程师俱乐部吃中饭的时候想到的。

"年轻的时候，"卡瑞尔先生说，"我在纽约州水牛城的水牛钢铁公司做事。我必须到密苏里州水晶城的匹兹堡玻璃公司———一座花费好几百万美金建造的工厂，去安装一架瓦斯清洁器，目的是清除瓦斯里的杂质，使瓦斯燃烧时不至于伤到引擎。这是一种清洁瓦斯的新方法，以前只试过一次——而且当时的情况很不相同。我到密苏里州水晶城工作的时候，很多事先没有想到的困难都发生了。经过一番调整之后，机器可以使用了，可是效果却不能达到我们所保证的程度。我对自己的失败非常吃惊，觉得好像是有人在我头上重重地打了一拳。我的整个肚子都开始痛起来。有好几天，我担忧得简直没有办法睡觉。最后，我的常识告诉我，忧虑并不能够解决问题，于是我想出一个不需要忧虑就可以解决问题的办法，结果非常有效。我这个反忧虑的办法已经使用了 30 多年。这个办法非常简单，任何人都可以使用。共有三个步骤：第一步，先不要害怕，但要认真地分析整个情况，然后找出万一失败可能发生的最坏情况是什么。第二步，找到可能发生的最坏情况之后，让自己在必要的时候能够接受它，待真的发生最坏情况时，要让自己马上轻松下来，感受这几天以来所没体验过的平静。第三步，平静地把自己的时间和精力，拿来试着改善心理上已经接受的那种最坏情况。"

威利·卡瑞尔的解决忧虑方法非常普通而且实用，原因是什么呢?

从心理学上讲，这个方法能够把我们从巨大的心理阴影中拉出来，让我们不再因为忧虑而盲目地摸索；这个方法可以使我们的双脚稳稳地站在地面上，否则尽管你觉得站在地面上。也觉得自己被吊在半空中，第三，当我们接受了最坏的情况之后，认为不会再损失什么，也就是说，一切都可以从头再来，那么，心里眼里会减轻。

"在面对最坏的情况之后，"威利·卡瑞尔告诉我们说："我马上让自己轻松下来，这样就会感到一种好几天以来没有经历过的平静。然后，我就能冷静思考了。"

这种方法很有道理，对不对?

第八章

低姿态方为高境界

在秦始皇陵兵马俑博物馆，有一尊被称为"镇馆之宝"的跪射俑。这尊跪射俑是保存最完整的、唯一一尊未经人工修复的秦俑。秦兵马俑坑至今已经出土清理各种陶俑1000多尊，除跪射俑外，其他皆有不同程度的损坏，需要人工修复。为什么这尊跪射俑能保存得如此完整？

原来，这得益于它的低姿态。首先，跪射俑身高只有1.2米，而普通立姿兵马俑的身高都在1.8至1.97米之间。其次，跪射俑作蹲跪姿，右膝、右足、左足三个支点呈等腰三角形支撑着上体，重心在下，增强了稳定性，与两足站立的立姿俑相比，不容易倾倒、破碎。因此，在经历了两千多年的岁月风霜后，它依然能完整地呈现在我们面前。

由跪射俑的低姿态想到我们的处世之道。一个人若能在人生中保持低姿态，才华不自诩，位高不自傲，看透不说透，知根不亮底，可以避开无谓的纷争，即使在显赫时也不会招人嫉妒，卑贱时不会遭人贬损，能更好地保全自己、发展自己、成就自己。

"甘处众人之所恶"

世间万事万物皆起之于低，成之于低。低是高的发端与缘起，高是低的嬗变与演绎。

地不畏其低，方能聚水成海，人不畏其低，方能服众成王。我国古代哲学家老子曾经在谈到"上善若水，水善利万物而不争"时，进一步阐述了自己的观点："处众人之所恶，故几于道"。所谓"处众人之所恶"，指的是身处大家都不喜欢居的位置。那么，究竟什么位置大家都不喜欢居？——低位。也就是说，做人要低调，要谦逊。老子认为：一个人若能做到这一点，就差不多参透了处世之道——"几于道"。

古罗马大哲学家西刘斯曾说过："想要达到最高处，必须从最低处开始。"这是一个相当不错的建议。把自己的位置放得低一些，能脚踏实地，站稳脚跟，然后一步步攀登，到达顶峰才更有把握。正如一位哲人所言，很多高贵的品质都是由低就的行为达成的。人要想高成，须得先低就。

"看低自己"是人应该恪守的一种平衡关系，它能使周围的人在对自己的认同上达到一种心理上的平衡，不会让别人感到难受和失落。非但如此，有时还能让别人感到高兴，感到比其他人强，即产生任何人都希望能获得的所谓优越感。这种似乎在贬低自己的行为，其实得到的会更多，比如他人的尊重与关照。

懂得看低自己的人，就是懂得人生无止境、事业无止境、知识无止境。海不辞水，故能成其大；山不辞石，故能成其高。古人云："鹤立鸡群，可谓超然无侣矣，然进而观于大海之鹏，则渺然自小；又进而求之九霄之凤，则巍乎莫及。"人只有建立在谦逊谨慎、低调做人的基础之上，人生追求才是健康的、有益的，才是对自己、对社会负责任的，也才一定是会有所作为、有所成功的。

有的人看上去很平凡，甚至还给人"窝囊"、不中用、弱者感觉，但这样的人也不能小看。有时候，越是这样的人，越是在胸中隐藏着远大的志向，而他们外表显现的"无能"正是心高气不傲、富有忍耐力和成大事讲策略的表现。这种人往往能伸能屈、能上能下，具有普通人所没有的远见卓识和深厚城府。

三国时的刘备一生有"三低"最为著名，也正是这"三低"成就了他的蜀汉王国。

第一低是桃园结义。与他在桃园结拜的人，一个是酒贩屠户张飞；另一个是在逃的杀人犯关羽。而他，刘备，皇亲国戚，却肯与张飞、关羽结为异姓兄弟。他这一"低"，团结了将五虎上将张翼德、儒将武圣关云长。而他的事业，由这两人开始汇成汪洋。

第二低是三顾茅庐。刘备为一个未出茅庐的后生诸葛亮前后三次登门拜见。他不论自己身份地位，连吃两碗闭门羹毫无怨言，一点都不觉得丢脸。这一"低"，又有一条更宽阔的河流汇入了他的事业汪洋，也求得了一张宏伟的建国蓝图，一位千古名相。

第三低是礼遇张松。益州张松本来是想把西川地图献给曹操，可曹操自从破了马超之后，志得意满，骄人慢士，数日不见张松，见面就要问罪。后又向张松耀武扬威，还差点将其处死。而刘备却派赵云、关云长迎接张松，自己亲陪宴饮三日，后泪别长亭，甚至要为他牵马相送。张松深受感动，终于把本打算送给曹操的西川地图献给了刘备。刘备这一"低"，成就了蜀汉王国。

一个人，不管你是否已取得成功，其实都应该讲求谨慎谦和，礼贤下士，更不能得意忘形时狂态尽露。心气决定着你的行动，行动影响着你的事业，学会低调做人，才能成为最终的强者。

人只有懂得胜不骄、功不傲，才是真正会生活、会做事的人。表面上看他们似乎是弱者，可他们却会因此而成为强者，成为前途平坦、笑到最后的人。

放下自己的身段

飓风扫荡过的原野一片狼藉，连高大伟岸的橡树也会被拦腰折断。然而芦苇却顽强地活了过来，在微风中跳起了轻快的舞蹈。飓风以横扫一切的气势，将高大伟岸的橡树折断，却没有伤害到纤细如指、柔弱如柳的芦苇，这是什么原因呢？原来，芦苇在飓风来临时，将自己的身子一再放低、放低……几乎与地面平行，使飓风加在自己身上的力量减少到最低，因而得以保全自己。而像树，仗着自己有坚实的腰板，不肯放下自己的身段，最终免不了被飓风吹折。

一次，一位气宇轩昂的年轻人，昂首挺胸，迈着大步去拜访一位德高望重的老前辈，不料，一进门，他的头就狠狠地撞在了门框上，疼得他一边不住地用手揉搓，一边生气地看着比他的身子矮一截的门。恰巧，这时那位前辈出来迎接他，见之，笑笑说："很疼吗？可是，这将是你今天来访问我的最大收获。"年轻人不解，疑惑地望着他。"一个人要想平安无事地生活在世上，就必须时刻记住：该低头时就低头。这也是我要教给你做人做事的道理。"老人平静地对年轻人说。

这位年轻人，据说就是被称为美国之父的富兰克林。富兰克林把这次拜访得到的教导看成是一生中最大的收获，并把它作为人生的生活准则去遵守，因此受益终生。后来，他成为功勋卓越的一代伟人。

人的一生要历经千门万坎，有些洞开的大门并不完全适合我们的身体，有时甚至还有人为的障碍。若一味地趾高气扬，昂首挺像胸，到头来，不但被拒之门外，可能还会被撞得头破血流。

所以，学会低头，该低头时就低头，巧妙地穿过人生荆棘，它既是人生进步的一种策略和智慧，也是人立身处世不可缺少的风度和修养。

低调是一种优雅的人生态度。它代表着豁达，代表着成熟和理性，它是和含蓄联系在一起的，它是一种博大的胸怀、超然洒脱的态度，也是人类个性最高的境界之一。

用低姿态化解敌意

当你受到攻击时，你会怎样反应呢？是激烈对抗？避开锋芒？还是适度还击？一走了之？通常，你可能会因为理直气壮而强烈回击。你的这种行为有时是合适的，有时则未必。这是因为，强烈回击有时有好的结果，有时却会出现坏的结果。人活在世上，总是处在各种各样的矛盾之中。因为原则和利益，以及其他各种很偶然的原因，可能会经常受到不友善甚至敌意的对抗和算计，如果一个人对此太介意，他便有可能在人群中一分钟也过不下去；而处处还击，便可能一年四季都在进行战斗。这其实是不必要的，也是不合算和不明智的。因此，人没有必要和对手采取一致的方式或站在对等的层次上进行还击，而应采取低调策略化解矛盾和敌意。这样，既显得大度，又减少了自己不必要的时间支出、精力支出和其他可能人身损失。生活中，让自己保持一个豁达、开朗、轻松的心态，不是更好吗！

物理学定律表明，作用力有多大，反作用力也就有多大。对抗也是如此，你有多么激烈，对方也会有多么激烈。

低调对待敌意，不激烈还击，不和对方顶，这不但可以避免"敌意"的升级，而且还能为自己留下回旋的余地。若你和对方顶，激烈还击，对方又会更强劲地回应，斗争便会白热化，甚至达到你死我活的地步。这样，有限的敌意无限化了，小的灾祸变大了，尤其对于非原则、非利益的矛盾，这种结果就太没有必要了。

低调对待敌意，并不是胆小怕事、逃跑和不顾己方的原则和尊严，而是要避免把自己卷入更大的灾祸中。只要对方的攻击对自己不能造成根本性的致命的损害，就没有必要做过激反应。只要对方的攻击可以被控制在一定的范围以内，就可以低调对待它们，不把它们当作大不了的事情。通常单方面的不对抗和放弃对抗，会让对方失去战斗对象和对立面，这也能从根本上消解对方的斗争意志，让他们的攻击之矛找不到能戳的地方，这也会降服对方，这比真刀真枪地和他们对着干，更具有智慧性的快感。再说，世界上的事情都是有前因后果的，敌意并不会完全没有原因，我们也要虚心待人，努力发现产生敌意的原因，以从根本上消解它，把敌意消灭在它的起点或根本不让它产生。这样，我们就能生活得平安而愉快。

低调做人，不仅可以保护自己、融入人群，与人和谐相处，也可以让人暗蓄力量、悄然潜行，在不显山不露水中成就事业。

逞强不如示弱

在一辆拥挤的公交车上，一个彪形大汉因为有人踩了他的脚而怒气冲天，他站起身，晃动着拳头，正要砸向那个踩他脚的人。那人突然来了一句：别打我的头啊，我刚动了手术才出院。大汉听了这话，顿时如断了电的机器人一样，高举的手定格在半空中，然后如泄气的皮球倒在自己的座位上。过了一会儿，大汉居然起身，要把自己的位子让给那个踩了他脚的人。

这极具戏剧性的一幕，是笔者亲眼所见。它令我想到了人与人之间的许多纠纷，不是光只靠讲道理或拼实力就能解决的。有时候，主动示弱也是一种极其有效的化解方式。人都有一种争当强者的心态，而要当强者至少有两条途径：与人角力斗争获胜，可以满足自己的强者心态；而对于弱者的迁就与照顾，实际上也能满足自己的强者心态。

人人都喜欢当强者，但强中更有强中手。一味地好强，自有强人来磨你，还不如在适当的时候示弱效果好。在强者面前示弱，可以消除强者的敌对心理。谁愿意和一个明显不如自己的人计较呢？当"强"与"弱"出现明显的差距时，自认为强的人若与弱者纠缠，实在是把自己的身份与地位降低了。就像一个散打高手，根本就不屑于和一个文弱书生动手——除非在忍无可忍的情况之下。再举一个例子，如果一个不懂事的小孩骂了你，你会和他对骂吗？肯定不会，除非你也是一个小孩，或者你自愿成为一个只有小孩心胸的成年人。

除了在强者面前要学会示弱外，在弱者面前我们也应该学会示弱。在弱者面前示弱，可以令弱者保持心理平衡，减少对方或多或少的嫉妒心理，拉近彼此的距离。但如何示弱呢？

例如：地位高的人在地位低的人面前不妨展示自己的奋斗过程，表明自己其实也是个平凡的人；成功者在别人面前多说自己失败的记录、现实的烦恼，给人以"成功不易""成功者并非万事大吉"的感觉；对眼下经济状况不如自己的人，可以适当诉说自己的苦衷，让对方感到"家家有本难念的经"；在某些专业上有一技之长的人，最好说说自己在很多事上其事业有不懂的地方，聊聊自己闹过的笑话、受过的窘迫等；至于那些完全因客观条件或偶然机遇侥幸获得名利的人，完全可以直言不讳地承认自己是"运气好"。

曾有一位记者去采访一位政治家，原本打算搜集一些有关他的丑闻资料，做一个负面的新闻报道。他们约在一间休息室里见面。在采访中，服务员刚将咖啡端上桌来，这位政治家就端起咖啡喝了一口，然后大声嚷道："哦！该死，好烫！"咖啡杯随之滚落在地。等服务员收拾好后，政治家又把香烟倒着放入嘴中，从过滤嘴处点火。这时记者赶忙提醒："先生，你将香烟拿倒了。"政治家听到这话之后，慌忙将香烟拿正，不料却将烟灰缸碰翻在地。政治家的整个做派，就像一个糊涂至极的老人，这一连串的洋相，使记者大感意外，不知不觉中，原来的那种挑战情绪消失了，甚至对对方怀有一种亲近感。

其实，整个"出洋相"的过程，都是政治家自己安排的。政治家是深谙人性弱点的高手，他们知道如何消除一个人的敌意。当人们发现强大的假想敌同样有许多常人拥有的弱点时，对抗心理会不知不觉消失，取而代之的是同情心理。人皆有恻隐之心，一旦同情某一个人，大多数人是不愿去打击他的。

人人都喜欢当强者，但强中更有强中手。学会示弱，可以令自己保持心理平衡，减少对方或多或少的嫉妒心理，拉近彼此的距离。

人生得意莫忘形

春节时，我约了几个朋友来家里吃饭，这些朋友都是互相认识的老朋友了。我把大家聚拢来吃个饭，主要是想借热闹的气氛，让情绪陷于低潮的老刘开心。老刘这一年来，一直不顺，股市上亏了血本不说，妻子还在和他闹离婚，内外交困中，不到四十岁的他看上去真的是"老刘"了。

来吃饭的朋友都知道老刘目前的境况，大家也尽量说些开心的笑话、段子，不提什么事业、股票之类的话题。但酒过三巡后，朋友吴先生的话开始多了起来，忍不住大谈他在危机前如何警醒，如何从各种信息中嗅出股市的异味，又如何"胜利大逃亡"。同时，还大谈自己一家人如何"挥霍"赚来的巨款。那种得意的样子，在酒精的作用下格外嚣张与神气。老刘默默地坐在角落里，低头不语，脸色非常难看。没多久，老刘就提前离席了。

我送老刘下楼时，老刘愤愤地说："老吴赚了钱也不用在我面前炫耀嘛！"我理解老刘的心情。因为我在多年前处于人生低潮时，也有过类似的心路。

一个人风光得意时，要他闭嘴不谈自己的成功也许不太容易。但你一定要想一想，那些受众听了，会是怎样的感觉？

瑞典知名女影星英格丽·褒曼，在获得了两届奥斯卡最佳女主角奖后，又因在《东方快车谋杀案》中的精湛演技获得最佳女配角奖。褒曼在领奖时，一再称赞与她角逐最佳女配角奖的弗沦汀娜·克蒂斯。她认为真正获奖的应该是这位落选者，他由衷地说："原谅我，弗沦汀娜，我事先并没有打算获奖。"

褒曼作为获奖者，没有喋喋不休地叙述自己的成就与辉煌，却对自己的对手推崇备至，极力维护了落选对手的面子。无论谁是这位对手，都会十分感激褒曼，会认定她是值得倾心相交的朋友。一个人能在获得荣誉的时刻，如此善待竞争对手，如此关心朋友，实在是一种文明典雅的风度。

一个人在过得不怎么样时，一般看不太出他的品性。过得风光时，最能看得清楚。生活中我们见到了太多苦心经营创业的人，他们行事谨慎、做人规矩，但一成功就变了。两只眼睛朝天望，不可一世。我们称这种人为"暴发户"。

得意忘形者并不知道：越是成功的人，越是谦卑待人。同时，越是谦卑待人，又越显其成功。据说富可敌国的洛克菲勒在准备乘坐火车时，被一个贵妇人要求帮忙提箱子。上了火车后，贵妇人顺手给了洛克菲勒 1 美元的小费。车子启动后，列车长在例行的巡视中看见了洛克菲勒，高兴地打招呼："嘿，洛克菲勒先生，欢迎您乘坐这趟列车，我是这辆列车的列车长，如果您有什么需要帮忙的请找我。"洛克菲勒表示感谢后，没有提出什么要求。身边的贵妇人听了，非常吃惊，认为自己让石油大王提了箱子、并给了 1 美元的小费，实在是荒唐。于是她诚恳地道歉，并恳求洛克菲勒将 1 美元退给自己。洛克菲勒微笑着回答："太太，你不用道歉，你没有做错什么；这 1 美元是我挣的，所以我可以收下。"

山不炫耀自己的高度，并不影响它的耸立云端；海不炫耀自己的深度，并不影响它容纳百川；地不炫耀自己的厚度，但没有谁能取代它承载万物的地位。人不要有了一点成就，就喋喋不休地诉说着自己光辉的奋斗史，不要因为腰包丰厚就盛气凌人，有内涵有实力的人，最懂得低调。

谦逊是快乐的源泉

做人谦逊，与一个人的心情好坏有莫大的关系。首先，一个谦逊的人不会把自己看得那么重要，一些在别人眼里莫大的"伤害"与"耻辱"，在他们眼里或许不值一提。他们把自己的分量掂量得很清楚，因此有什么别人放不下的东西他们都很容易放得下。

此外，谦逊的人恪守的是一种平衡关系，也就是让周围的人在对自己的认同上达到一种心理上的平衡，并且从不让别人感到卑下和失落。古人有"满招损，谦受益"的箴言，忠告世人要虚怀若谷，对人对事的态度不要骄狂，否则就会使自己处在四面楚歌之中，被世人讥笑和瞧不起。总之，谦逊的人轻易不会受到别人的排斥，反而容易得到社会和群体的吸纳和喜欢。

托马斯·杰斐逊（1743—1826年）是美国历史上第3任总统。1785年他担任驻法大使，一天，他去法国外长的公寓拜访。

"您代替了富兰克林先生？"外长问。

"是接替他，没有人能够代替得了他。"杰斐逊回答说。

杰斐逊的谦逊给世人留下了深刻印象。谦逊的人不自卑，他们对自己的知识和服务人群的目标，以及使世界更趋美好的愿望充满了自信心。

谦逊绝非自我否定，而是自我肯定，是实现自己为人的正直与尊严。谦逊也是成功与失败的融合后反省的表现，既有对于过去的失败有所警惕，对于现在的成功有所感慨，又不让成败支配自己。谦逊还具有平衡作用，不让我们随便超越自己的能力，也不会让我们使自己总处于劣势；它更不是让我们高人一等或屈居人下。谦逊即是宁静，使我们不致受往日失败的拖累，也不致因今日的成功而自大。谦逊是一种情绪的调节器，使我们保持自我本色，青春常驻。

谦逊至少具有下列8种"成分"。

（1）诚恳：诚以待己，诚以待人。

（2）了解：了解自己所需，了解他人所需。

（3）知识：习知自我的本色，不模仿他人。

（4）能力：扩张聆听与学习的能力。

（5）正直：建立自我的内在价值感，并忠于这份感觉。

（6）满足：了解和建立心灵的平和，不需小题大做。

（7）渴望：寻求新境界、新目标，并且付诸实行。

（8）成熟：尽快成长，因谦逊而获得成功。

谦逊是快乐的源泉。或许，英国小说家詹姆斯·巴利的话更为中肯："生活，即是不断地学习谦逊。"

在别人心中，你没那么重要

人之所以看重面子，其实是过于在乎别人的评价。比如，穿不穿名牌，不穿是否觉得自己没钱，参加同学聚会时会不会被别人看不起；妻子长相是否普通了，带她参加同学聚会不太好吧；自己正失业，不能说，否则不太好，还是说自己从事自由职业比较好吧……

当你在意别人的评价时，有没有想过：别人真的有那么在意你吗？

张先生因为工作的变动调到了一个新的部门，这个部门似乎没有以前的职位风光，也没有以前的地位显赫。于是他总是担心别人会有什么其他的想法，比如："怎么回事，是不是犯了错误而下来了"等等，虽然是正常的工作调动，他因担心别人说些什么，于是看没看人都自己把头低下去，没有了自信。

有一天，他在大街上遇到一个熟人，熟人问："你不做老总啦？调到哪儿去了？"张先生回答："不做了，调到另一个部门去了。"对方说："好呀，祝贺你！"张先生笑笑："有时间去玩呀。"然后作别。但是心里却有一种淡淡的酸楚感觉，害怕熟人是在笑话他。

过了不久，张先生恰巧在某处又碰到了那位熟人，熟人又问："您到底调哪个部门去了呢？"他只得将以前的话又重复了一遍："我调到另一个部门去了，有时间去玩。"

回到家，妻子听他说完，笑他想得太多，张先生心里突然清朗起来，是呀，自己整天担心别人说什么，整天把自己当回事，其实大家都干自己的事。张先生开始和原来一样，该说什么说什么，该打招呼打招呼。

其实，很多的人都是想得太多。很多的担心和疑惑，大都是自己内心的原因。在别人的心中，你其实并不那么重要。

生活中人们常常会碰到许多事，比如说了什么不得体的话，被他人误会了，遇到了什么尴尬的事，等等，这些大可不必耿耿于怀，更不必揪住所有人去做解释，因为事情一旦过去，没有人还有耐心去理会曾经说过的一句闲话，犯过的一个小过失和疏忽等。你那么念念不忘，说不定别人早已忘记了，不要太把自己当回事了。反过来我们也可以问问自己，别人的一次失误或尴尬，真的会总在你的心头挥之不去，让你时时惦念吗？你对别人的衣食住行真的就是那么关心，甚至超过关心自己吗？

人生中有那么多的事，每个人连自己的事都处理不完，自然没有多少人还会去关心与自己不太相关的事情。只要你不对别人造成什么伤害，只要不是损害了别人的什么利益，没有什么人会对你的失误或尴尬太在意的，也许第二天太阳升起的时候，别人什么事都没有了，只有你还在为自己或他人的事耿耿于怀。所以你要明白，在别人的心中，你并没有那么重要。该放下就放下，该忘记就忘记。

敢于正视和承认不足

有个希腊穷人到雅典的一家银行应聘门卫工作，人家问他会不会写字，他很不好意思地说："我只会写自己的名字。"他因此没能得到这份工作，无奈之下他借了点钱去另找出路，渡海去了美国。几年后，他竟然在事业上获得了巨大成功，成为一名企业家。

一位记者建议他说："您该写本回忆录。"

这位企业家却笑着说："不可能，因为我不识字。"

记者大吃一惊。

企业家很坦然地说："任何事有得必有失。如果我会写字，也许现在我还只是个看门的。"

这位企业家并没有因为自己是一个有身份的人而认为自己不识字是低人一等或没有品位。他认为，诚实是做人的灵魂。

当然，不诚实表现在多个方面。有一种不诚实就是不懂装懂。世界这么大，一个人不可能对所有的事物都了解，对所有的知识都掌握，大千世界中必定有你所不知道或知之甚少的东西，所以说，没有必要不懂装懂。要知道，不懂装懂的做法一旦被别人识破，不但显不出自己的品位，反而更会让人瞧不起，还难免被人故意利用弱点加以愚弄，那滋味恐怕更不好受。

生活中常有这样一些人，到处充当"无所不知"先生。每当人们谈起一个有兴趣的问题时，他就不知从什么地方钻出来，接过话头信口胡说："这个嘛，我知道……"捕风捉影地说，即使驴唇不对马嘴也毫不脸红。

而真有学问的人，本着老老实实的态度做人处世，在与人讨论问题的时候，"知之为知之，不知为不知"，勇于承认自己有不懂的知识，坦率地向内行人请教，反倒是能够留给人们极好的印象。同时自己因谦虚也可以得到不少新的知识，亦不必因自欺欺人而感到内心不安。

这个道理你可能会说"谁不知道！"但问题是对于有些人来说，道理好懂，做起来却很难，光为了"面子"，就会使人难于说"不知道"。

一位研究生曾回忆说，他曾遇到过这样一件事，由于学位论文在正式答辩前要送交专家审阅，他便把他写的有关哲学论文送交给一位白发斑斑的物理系教授，请他多多指教。但他没有想到的是，这位老前辈第一次约见他的时候就诚恳地对他说：

"实在对不起，你论文中所写到的物理学理论我还不太懂，请你把论文多留在我这里一段时间，让我先学习一下有关的知识后再给你提意见，好吗？"

他当时简直不敢相信自己的耳朵，不是因为相信老教授真的不懂，而是因为这样一位物理学的权威大家，敢于当着一位还没有毕业的研究生的面承认自己在物理学领域还有不懂的东西！

老教授大概看出了他内心的疑惑，爽朗地笑了起来："怎么，奇怪吗？一点都不奇怪！物理学现在的发展日新月异，新知识层出不穷，好多东西我都不了解，而我过去学过的东西有很多现在已经陈旧了，我当务之急是重新学习。"

老教授的这番话使这位研究生佩服得五体投地：这才是真正的学者风度！回想起自己经常碍于面子，在同学面前，不知道的事情也硬着头皮凭着一知半解去说，真是十分惭愧！

在他做论文答辩时，有一位外校的教授向他提出了一个他不懂的问题，他虽然觉得心跳加速，脸直发烧，但一看到坐在前面的那位物理系教授，他顿时勇敢地说出"我不知道"。他原以为在场的人会发出讥笑，但结果并没有发生这种不利的反应。他还见那位教授满意地点了点头。答辩会一结束，老教授就把他叫到一边，详细告诉了他那个问题的来龙去脉，使他大受感动。

白发斑斑的老教授敢于向青年人承认自己的"不懂"，使研究生对他更加尊敬，而这位研究生在答辩时面对难题，也勇敢地承认了自己知识的不足，同样受到他人的赞赏。可见，承认"不知道"，不但可在人们的心目中增加可信度，消除人际关系中的偏执和成见，开阔视野，增长知识，而且还有另外一大益处：使自己更富有想象力和创造力。

敢于认错也是一种体面

是人都难免犯错。如果你发现自己错了，最好不要像鸭子似的嘴硬。死扛着不认错，不仅自己活得累，而且也活得不坦荡。

有一位教师朋友，他们学校对他的教学工作颇有微词。一位和他相识的教授曾说了一些看不起他的话，这些话被传到他耳里，他忍气吞声。后来有一天他接到这位教授的来信。那时那个教授已离开了学校，调到某新闻部门从事编辑工作。教授来信说，以前错估了他，希望得到原谅。此时，留在这位教师头脑中的各种敌意便立刻烟消云散了，他极其感动，马上回信并表示敬意。从此，他和哪位教授便成了好朋友。

由此可以看到，承认自己的错误不但可以弥补破裂的关系，而且可以增进感情，但有勇气承认自己的错误却不是一件容易的事情。有一位名人曾经说过："人们敢于在大众面前坚持真理，但往往缺乏勇气在大众面前承认错误。"有些人一旦犯了错，总会列出一万个理由来掩盖自己的错误，这无非是"面子"在作怪。他们以为，一旦承认自己的错误就伤了自尊，就是丢了个人面子。这种想法，无异于在制造更多的错误，来保护已犯的错误，真可谓错上加错。

古人说过："人非圣贤，孰能无过，过而能改，善莫大焉。"意思是说，人都会有过失，只要能认识自己的过失，认真改正，就是有道德的表现。孔子曾把"过失"比喻为日食与月食，无论怎样对待大家都会看得清清楚楚。因此，最好的办法是坦诚地承认自己的错误，通过承认错误表现出谦虚的品格。这是聪明的改正方法，会使双方都感到愉快。

每个人都有自己的自尊心和荣誉感，如果肯主动承认自己的错误，这不仅不会使自尊受到伤害，而且也会为自己品格的高尚而感到快乐。

事实上，主动承认自己的错误，不但可以增加相互之间的了解和信任，而且能增进自我了解进而产生自信心。有时候，人们非要等到自己看见并接受自己所犯的错误时，才能真正了解自己的能力。当年的亨利·福特就是从错误中学习，并在改正错误时真正了解自己的能力的。当年，26岁的亨利福特接任了美国福特汽车公司的总裁。上任后，他通过创新、实验和努力避免错误产生，扭转了公司亏损的局面。有人问他，如果让他从头再来的话，会有什么不同的表现。他回答道："我只能从错误中学习，因此，我不认为自己可能有什么与众不同的作为，我只是尽量避免重犯不同的错误而已。"

敢于承认自己的错误并不是什么耻辱之事，而是真挚和诚恳的表现。承认自己的错误更能显示出自己人格的伟大。但是认错时一定要出于真诚，不能虚情假意。真诚不等于奴颜婢膝，不必低三下四，要堂堂正正，承认错误是希望纠正错误，这本身就是值得尊敬的一件事情。当然如果你没有错，就不要为了息事宁人而认错，否则，这是没有骨气的做法，对任何人都无好处。

如果你说过伤人的话、做过损害别人的事，坦诚地承认自己的错误会使你心胸坦荡，这将使你踏向更坚强的自我形象，增进你在他人心中的人格魅力。2000年前，古希腊的哲学家留基伯与德谟克利特，就从自己的错与别人错的比较中，明确地指出："谴责自己的过错比谴责别人的过错好。"

不明智的人才会找借口掩饰自己的错误。假如你发现了自己的错误，就应尽快地承认自己的过错，这不仅丝毫不会有损于你的尊严，反而会提升你的品格。

学会藏拙，低调做人

一个人若能在人群中保持低姿态，才高不自诩，位高不自傲，也同样可以避开无谓的纷争，在显赫时不会招人嫉妒，在受挫时不会遭人贬损，能让自己更好地生活且心态平静祥和。

嫉妒是人性的弱点之一，只不过有的人会把嫉妒表现出来，有的人则把嫉妒深埋在心底。嫉妒是无所不在的，朋友之间、同事之间、兄弟之间、夫妻之间、父子之间，都可能有嫉妒存在。而这些嫉妒一旦处理失当，就会形成足以毁灭一个人的烈火，特别是发生在朋友、同事间的嫉妒情绪，对工作和交往会造成更大的麻烦。

朋友、同事之间嫉妒的产生有多种情况。例如："他的条件不见得比我好，可是却上到我上面去了。""他和我本是同班同学，在学校成绩又不比我好，可是现在竟然比我发达，比我有钱！"

事实上，在工作中，如果你升了官、受到上司的肯定或奖赏、获得某种荣誉，那么，你就有可能被别人嫉妒。女人的嫉妒还会更多表现在行为上，诸如说些"哼，有什么了不起"或是"还不是靠拍马屁爬上去的"之类的话。但男人的嫉妒通常藏在心里，当然藏在心里也就算了，但有的人还会明里暗里找他人麻烦，表现出各种挑剔、不合作的态度。

因此，当你一朝得意时，应多做这样的事：

同单位之中观察同事们对你的"得意"在情绪上产生的变化，可以得知谁有可能在嫉妒你。一般来说，心里存了嫉妒的人，在言行上都会有些异常，不可能掩饰得毫无痕迹，只要稍微用心，这种"异常"就很容易发现。

　　而在注意这两件事的同时，应该尽快在心态及言行方面做如下调整：不要凸显你的得意，以免刺激他人，徒增他人的嫉妒情绪，或是激起其他更多人的嫉妒之心，因为，人太得意，有时会换来苦果。

　　把做人的姿态放低，对人更有礼，更客气，千万不可有倨傲侮慢的态度，这样就可在一定程度上减少别人对你的嫉妒，因为你的低姿态会使自己免受伤害。

　　有些人很能干，但他在适当的时候会故意显露自己一些无伤大雅的短处，例如不善于唱歌、外文较差等，可以让嫉妒者的心中有"毕竟他也不是十全十美"的想法，从而不会和他作对。

　　如果你知道有人嫉妒你，和他好好沟通，诚恳地请求他的帮助和配合，多赞扬对方的长处，这样或多或少可消弭他对你的嫉妒。

　　遭人嫉妒不是什么好事，因此必须以低姿态来化解，这种低姿态其实是一种非常高明的做人之道。学会低调做人，就是要不喧闹、不娇柔、不造作、不故作呻吟、不做假惺惺、不卷进是非、不招人嫌、不讨人厌，即使你认为自己满腹才华，能力比别人强，也要学会藏拙。而到处抱怨自己怀才不遇，那只是你没有内涵的行为。

第九章

难得“糊涂”的生活哲学

清代画家郑板桥有一方闲章，曰"难得糊涂"，这四个字一经刻出，便立刻成了很多人津津乐道的座右铭。

糊涂并不是人人都能做到的，糊涂者并非整天浑浑噩噩、无所作为的人，而是疏朗豁达、内心自在的人。怀有糊涂的胸怀，便有了不计较的心。糊涂是一种不斤斤计较、吹毛求疵的大度；是一种超脱物外，不累尘世的高洁。千万不要小觑了糊涂，它能让人少受争斗，享受到内心自由的洒脱生活。

装装糊涂，既是处世的聪明，又是处世的勇气。很多人一事无成，痛苦烦恼不断，就是自认为自己聪明，缺乏"装装糊涂"的勇气。

施恩切忌图报

朋友之间，本来无所谓恩惠，不过是互相帮助、你来我往、取长补短而已。但有些时候，朋友处于难关，需要你相助你做到了，这是做朋友的至高境界。但你最好是尽快忘了自己对朋友的"帮助"与"恩惠"，因为总记着，自己会有不平衡心态。

我们经常在影视作品或生活中看到这一幕——某个人气呼呼地控诉："我当初真是瞎了眼了，在你艰难的时候那么铁了心帮你，今天你不仅不记得我的好，还要……"

其实，仔细分析，产生这种情绪或许正是因为牢记着对别人做过的好，才在交往里无意间扮演了"恩人"的角色；而正是这份不对等的关系，导致友谊出现问题。

打个比方，怀有"恩人"心态的人，可能会在无意中以一种"恩人""救星"的姿态说话、办事。在这种心态下，难免会有居高临下的做派。

所以说，"施恩宜忘"，付出不要有回报的预期。很多时候，你忘了别人不一定会忘，绝大多数人还会是恪守"滴水之恩，当涌泉相报"的古训的。当然，别人要报答你怎么办？接受！

也许你读到这里开始纳闷了。不是说"施恩宜忘"吗，不是说不要有回报的预期吗？怎么又冒出接受对方回报这种事情来了，这样做不是很庸俗吗？

是的，施恩本来就是不要图回报的。但对方的回报既然来了，可以接受。因为只有你接受了，对方的心中才会平衡，才能将你们之间的关系从"恩人"与"受惠者"的"频道"，重新调整回"朋友的频道"。

当然，你接受的回报要基本合理，不要超过当年的给予或超过对方能力范围。比如你当年在朋友万分紧急时给了他1万元应急，后来他赚了钱了，还你1万，你完全可以接受。如果还能多给你三两千元，你也可以略微推辞后说声"谢谢"并接受。如果的确给得太多了，你可以收一部分，其他当面退还。

总之，对朋友付出后要不图回报，但回报真的来了也不要过于推辞。前者是一种糊涂，一种健忘的糊涂。后者也是一种糊涂，一种朋友之间情感的糊涂。这两种糊涂你只要运用得当，一定会让你的人际关系更加顺畅润滑。

以德报怨最高明

古话说：知恩不报非君子。那么，对别人给予的恩惠要努力报答；对别人给予的伤害，是否也要努力"报答"呢？是"有仇不报非君子"吗？

在对待报恩与报仇上，普遍的看法是"以其人之道还治其人之身"。也就是说，你怎样对待我，我就以同样的方式回敬你，公平、合理，两不相欠。而具体到报仇上，可以概括为"人不犯我，我不犯人；人若犯我，我必犯人！"触犯原则之事不留余地。

不过，生活中真的有那么多"大仇"和"大怨"，值得你去"回报"吗？

有人会回答：值得，为什么不值得呢？他给我造成了伤害，让我倍受煎熬，我也要让他尝尝痛苦的滋味，这叫报应！这样做，报复者心里确实平衡了很多，但矛盾更扩大化了。故时有"仇人相见，分外眼红"这句俗话，即时说，仇结得更大了，谅解起来会更不容易。

冤冤相报何时了！生活中很少有什么不共戴天的大仇非报不可，真的到了"大仇"的份上，会有法律的武器来制裁，或有道德的力量来惩罚。一般的怨恨与仇，还是采取以德报怨更好。子曰："为政以德，譬如北辰，居其所而众星共之。"可见"德"的力量之大。

相传战国时魏国有一位名叫宋就的大夫，曾一度为魏国边县之令，魏国与楚国相邻。两国交界处都种有瓜，魏国的人辛勤浇灌，瓜藤长得很好。楚国人懒惰，不常浇灌，瓜藤长得不好。楚国的县令为此责备楚国之人，楚人因此对于魏人产生怨恨，于是在一个晚上将魏国这边的瓜藤拔了很多，致使结的瓜都干死了。

这当然瞒不过魏人。魏人怒火中烧，商议在某个晚上也去拔掉楚国人的瓜藤。事前，魏人去向宋就请示，宋就回答说："为什么要这样呢？仇怨，是灾祸的根由。因为别人恨己，自己就报复他人，这太偏执啦！要我说，你们应该每天晚上去浇灌楚地的瓜，而且不要让楚人知道。"

魏人依计行事。不久，楚人就发现自己这边的瓜一天比一天长得好，他们觉得很奇怪，于是偷偷观察。结果发现居然是魏人在为自己浇瓜。楚人非常感动与惭愧，就将这事的来龙去脉一一汇报给楚边县之令，后来这事一直传到楚王耳中。楚王知道这是魏人暗中相让楚国，觉得魏人很重信义，遂主动和魏国交好。

我们常说：种瓜得瓜，种豆得豆。魏人种瓜没有得到瓜，楚人没种瓜、毁了人家的瓜却得到了瓜。但魏人又何尝没有收获？他们的收获比瓜还要贵重无数倍啊。这就是"以德报怨"的回报。我们不妨设想一下，魏人当初要是没有听宋就"以德报怨"的建议而"以牙还牙"，结果又会是如何呢？——无非是在冤冤相报的无休止中两败俱伤。

以德报怨听起来似乎很难，要有极大宽容之心才能够做到。但细想，生活中摩擦的小事很多，比如，张三喜欢在背后诋毁你，你糊涂一点当作没听见，或者再糊涂一点，在背后极力地夸赞他，这很难吗？张三在听了你对他的赞扬后，就不会再诋毁你。退一万步说，张三人格扭曲非要和你对着干，其他人在你的"以德报怨"和张三的"以怨报德"之中，还不能分辨出是非曲直吗？大家会说张三不对而尊敬你。

从小事开始"以德报怨"，不仅锻炼了你的容人之量，还有一个非常重要的好处就是：在小事的"以德报怨"里，你能够于无形之中化解将来可能出现的更大的"怨"与"仇"。想一想，你整天夸奖诋毁你的张三，他和你的矛盾还能激化、升级吗？反之，你和他对骂，说不定导致动手，再由动手又上升到各自找朋友群殴也说不定。到了那个时候，两人之间结下了更深的仇恨，要想"以德报怨"就真的有难度了。所以，我们会发现一个有趣的现象：那些能够做到"以德报怨"的人，往往并没有太多的仇、太大的"怨"发生在他身上。

以德报怨如果是真诚的、发自肺腑的，当然也是最容易感动人的，纵然铁石心肠之人也难以无动于衷。

治家当用"糊涂法"

清官难断家务事，夫妻在家中不要较真，否则都是愚不可及。老婆孩子之间哪有什么原则问题、立场大是大非问题，都是一家人，何必要用"异己分子"的眼光看双方问题，分出个对和错来，又有什么意思呢？

人在单位、社会上充当着各种各样的角色，但回到家中，还原了自己的本来面目，就可以轻松愉悦地享受天伦之乐。假若你在家里还跟在社会上一样认真、一样循规蹈矩，每说一句话、每做一件事还要考虑对错、妥否，顾忌影响、后果，掂量再三，那不仅可笑，也太累了。

人的头脑一定要清楚，在家里你就是丈夫、妻子、父母、孩子。所以，处理家庭琐事要采取"糊涂"政策，以安抚为主，大事化小，小事化了，于是不妨和和稀泥，当个笑口常开的和事佬。

具体说来，做丈夫的要宽厚，在钱物方面睁一只眼，闭一只眼，越马马虎虎越得人心，妻子对娘家偏点心眼，都是人之常情，不要往心里去，更不要计较，那样才能显出男子汉宽宏大量的风度。妻子对丈夫的懒惰等种种难以容忍的毛病，也应采取宽容的态度，切忌唠叨起来没完，嫌他这、嫌他那，也不要在丈夫偶尔回来晚了或有女士来电话时，就给脸色看，鼻子不是鼻子脸不是脸地审个没完。看得越紧，男人的逆反心理越强。索性不管，让他潇洒去，看他有多大本事，外面的情感世界也自会给他教训，只要妻子是个自信心强、有性格有魅力的女人，丈夫再花心，也不会与你隔断心肠。就怕你对丈夫"太认真"了，让他感到是戴着枷锁过日子，进而对你产生厌倦，那才会发生真正的危机。家庭是避风的港湾，应该是温馨和谐的，千万别把家演变成充满火药味的战场，狼烟四起，鸡飞狗跳，夫妻要搞好关系，关键就看你怎么去把握了。

唐代宗时，郭子仪在扫平"安史之乱"中战功显赫，成为复兴唐室的元勋。因此，唐代宗十分敬重他，并且将女儿升平公主嫁给郭子仪的儿子郭暖为妻。这小两口都自恃有老子作后台，互相不服软，因此免不了口角。

有一天，小两口因为一点小事拌起嘴里，郭暖看见妻子摆出一剖臭架子，根本不把他这个丈夫放在眼里，愤懑不平地说："你有什么了不起的，就仗着你老子是皇上！实话告诉你吧，你爸爸的江山是我父亲打败了安禄山才保全的，我父亲因为瞧不起皇帝的宝座，所以才没当这个皇帝。"

在封建社会，皇帝唯我独尊，任何人想当皇帝，就可能遭满门抄斩的大祸。升平公主听到郭暖敢出此狂言，感到一下子找到了出气的机会和把柄，立刻奔回宫中，向唐代宗汇报了丈夫刚才这番图谋造反的话。她满以为，父皇会因此重惩郭暖，替她出口气。

唐代宗听完女儿的汇报，不动声色地说："你是个孩子，有许多事你还不懂得。我告诉你吧：你丈夫说的都是实情。天下是你公公郭子仪保全下来了，如果你公公想当皇帝，早就当上了，天下也早就不是咱李家所有了。"唐代宗还对女儿劝慰一番，叫女儿不要抓住丈夫的一句话，乱扣"谋反"的大帽子，小两口要和和气气地过日子。在父亲的耐心劝解下，公主消了气，自动回到郭家。

这件事很快郭子仪也知道了，可把他吓坏了。他觉得，小两口打架不要紧，儿子口出狂言，迹近谋反，这着实叫他恼火万分。郭子仪即刻令人把郭暧捆绑起来，并迅速带到宫中面见皇上，要求皇上严厉治罪。可是，唐代宗却和颜悦色，一点也没有怪罪的意思，还劝慰说："小两口吵嘴，话说得过分点，咱们当老人的不要认真了。不是有句俗话吗：'不痴不聋，不为家翁'，儿女们在闺房里讲的话，怎好当起真来？咱们做老人的听了，就把自己当成聋人和盲人，装作没听见就行了。"听到老亲家这番合情入理的话，郭子仪的心就像一块石头落了地，顿时感到轻松，眼见得一场大祸化作了芥蒂小事。

虽然如此，为了教训郭暧的胡说八道，回到家后，郭子仪将儿子重打了几十杖。

小两口关起门来吵嘴，在气头上，可能什么激烈的言辞都会冒出来。如果句句较真，就将家无宁日。唐代宗用"老人应当装聋作哑"来对待小夫妻吵嘴，不因女婿讲了一句近似谋反的话而无限上纲，化灾祸为欢乐，使小两口重归于好。

实际上，有些事情，你非要硬去较真，就会愈加麻烦，相反你若装痴作聋，来他个"难得糊涂""无为而治"，也许会有满意的结果。

当然，在家庭生活中，也不能一味地糊涂，该明白的时候，也要明白，像丈夫对妻子的关心，如果在一些小事、小的细节表现出来，妻子会感到温暖、满足，比如，妻子下班回到家，丈夫帮助搬车，或者递上一双拖鞋，或者说一句"辛苦啦"，都会使妻子感到心里暖烘烘的。卡耐基说过这样一句话："大多数的男人，忽略在日常的小地方上表示体贴。因为他们不知道，爱的失去，都在小小的地方。"所以，在维护夫妻感情的事情上，无论大事还是小事都不应糊涂。

再有，"小事糊涂"绝非事事糊涂，处处糊涂。若在大是大非面前不分青红皂白，不讲原则，那就真成了糊涂人了。比如，一方道德败坏，作风腐败，或者违法犯罪，就不能一味迁就，该拿起法律的武器依法维护自身权利的时候，也坚决不能手软。

总之，"小事糊涂"益健康，有益家庭和睦。夫妻之间糊涂点，大度点，就会使夫妻关系更和谐。糊涂的女人是幸福的女人，同样，糊涂的男人也是幸福的男人。

观世态之极幻，则浮云转有常情，品世味之皆空，则流水翻多浓旨。

糊涂带来洒脱的胸怀

一天，柏拉图问他的老师苏格拉底什么是爱情。苏格拉底叫他到麦田走一次，不能回头，在途中要摘一株最大最好的麦穗，但只可以摘一次。

柏拉图觉得很简单，信心满满地去了，可最后却是两手空空、垂头丧气地回来了。苏格拉底问他怎么回事，他说："很难看见一株不错的，因为不知道前方还有没有最好的，又因为只可以摘一株，只好放弃，不断往前走，往前看，就这样走到尽头，才发觉手上一株麦穗也没有……"

苏格拉底告诉他："这就是爱情！"

柏拉图又问："那什么是婚姻？"

苏格拉底又叫他到杉树林走一次，同样不能回头，在途中要取一棵最好、最适合用来当圣诞树的木材，但只可以取一次。

柏拉图吸取了上回的教训，去了不久，就拖着一颗看起来挺拔、翠绿，却有点稀疏的杉树回来了。

苏格拉底问他:"这就是最好的木材吗?"

柏拉图说:"也许不是。"

苏格拉底问:"那为什么不取最好的呢?"

柏拉图说:"因为只可以取一棵,好不容易看见一棵看似不错的,我怕再寻找下去又像上次找麦穗一样,最终一无所有,所以,也管不了是不是最好的,就拿回来了……"

苏格拉底说:"这就是婚姻!"

女人面对婚姻的选择,就如同在茂密的森林中挑树一样,也许你看中的那一棵在别人眼里并不算高大,更谈不上茂盛,但只要是真的适合你,你就该为自己的选择感到欣慰和庆幸,毕竟婚姻是你自己的。

遗憾的是,我们往往怀着更多的奢望,企图占有更多,并为这种占有披上华丽的外套,比如有追求、上进心强等等。不要以为拥有的越多,离幸福就越近,人生短暂,生命需要人们轻装上阵,有限的时间和精力使人们不可能面面俱到。很多漂亮女人总是贪心的,尤其是在她们还年轻、选择空间还很广的时候,因为有青春作为资本,她们对婚姻想拥有更多,什么都想试一试,结果却因为没有好好协调而得到一个泛而不精的结果。其实,人只需要选择一件事,然后用心、专注地做下去,这样反而更容易成功。

一直坚持攀附一座山峰的人,必定能到达顶峰,而且能欣赏到山上不同时节的美景;一辈子不轻易跟随别人左右摇摆,只坚持做一件事的人,成功的概率也会大得多。一个女人不可能把所有的事情都做到最好,即便有这个能力,也没有足够的时间和精力,所以,女人必须具备为一棵树而放弃整个森林的勇气,如果见异思迁,看着这棵树,心里还惦记着那棵树,幸福只会离你越来越远。

我们从小就被灌输一个观念,"不要为了一棵树而放弃整片森林",有不少女人都坚定地把这个理念当成了一种智慧与理性的象征。于是，她们就凭借着这样一个理念，在人海中不停地寻觅着，总是希望自己想要的可以全部拥有，她们不甘心，以为前面还会有更好的在等待着自己，所以，寻寻觅觅……

这其实是一种过分的执拗，有时它会迫使人们沿着错误的路一直走下去，直到有一天吃尽苦头才发现：永远也无法拥有整个森林，所以，人只能选择其中的一棵树，好好地去经营，去浇灌，才能收获最大最甜的果实。

中国还有句俗话说："不要在一棵树上吊死。"其实，很多时候，人们也必须具备能在一棵树上吊死的勇气和毅力。比如，当你选择了自己钟爱的行业，当你嫁给了自己深爱的男人，就应该将自己全部的心投入其中，倘若朝三暮四，最后注定一无所获。

人如果选择了一份工作，那么就拼尽全力把它做好；如果选择了一个男人，那么他在你心中是最好的。作为女人，只有当你把一份工作、一个男人真真正正地、踏踏实实地放在心上时，你才能牢牢地站稳脚跟，才能有闲暇的时间和坦然的心情去享受生活中的无穷乐趣。

身在社会，往往身不由己，人们终日忙忙碌碌、疲惫的心灵，确实需要宁静的放松，尽管忙碌使人们充实而又愉快，但如果不懂得洒脱，实际上是在给自己加重负担，让心灵终日劳役。我们的人生不是太累了吗？所以，给自己一份洒脱的心情、给自己幸福的机会，不是会更好吗。

洒脱，那是在痛苦之后的一种平静，是在苦涩中品味出的一丝甜蜜。拥有洒脱，我们将拥有与天地一样包容世间一切的广阔襟怀。洒脱，是一份难得的心境。人只有洒脱，才有"天生我材必有用，千金散尽还复来"的自励；只有洒脱，才有"挥一挥衣袖，不带走一片云彩"的自在；也只有洒脱，才有"面朝大海，春暖花开"的情怀。

洒脱，像一江流水迂回辗转，依然奔向大海，洒脱，即使面临绝境，也可飞落成瀑布，洒脱，就像一山松柏立根于巨岩之中，刺破青天，风愈大愈要奏响生命的最强音。洒脱，能向荡漾的春风，让人们无时无刻不在感到天地间的勃勃生机；洒脱，像"汩汩"喷涌的青春之泉，为人们的身躯注入无穷无尽的生命活力，让生活因此散发出永久的芳香。

适当埋头并不是糊涂

俗话说：木秀于林，风必摧之；行高于众，众必非之。要不想成为别人眼里的"靶子"，最好是自己主动放下身段，低调做人。

人的低调之一体现在不轻易出头，体现在多思索、少说话，体现在多安静、少喧哗。不要让人以为你是个爱抢风头的人，这样容易激起嫉妒，引发矛盾和公愤。

但如果事事都不出头，怎么会有出人头地的那一天呢？想出人头地并不是什么错，一个对自己有事业心的人、一个对家人有责任感的人，都有一种出人头地的欲望，只不过有些人隐藏得深一点，有些人隐藏得浅一点。

做人做事，我们要适当出头，但不可强行出头。所谓"强出头"的"强"有两层意思。

第一，"强"是指"勉强"。也就是说，本来自己的能力不够，却偏偏要勉强去做。当然，我们承认一个人要有挑战困难的决心与毅力，但挑战一定要有尺度。明知山有虎，偏向虎山行，没有一定的能力，盲目挑战？非要打虎，是不明智的选择。失败固然是成功之母，但我们不是为了成功而去追求失败。自不量力的失败，不仅会折损自己的壮志，也会惹来了一些对自己不利的伤害或损失。

第二，"强"是指"强行"。也就是说，自己虽然有足够的能力，可是客观环境却未成熟。所谓"客观环境"是指"大势"和"人势"，"大势"是大环境的条件，"人势"是周围人对你支持的程度。"大势"如果不合，以本身的能力强行"出头"，不会有成功机会，反而会多花很多力气；而"人势"若无，想强行"出头"，必会遭到别人的打压排挤，也会伤害到别人。

三国时期，群雄四起。第一个大张旗鼓"跳出来的人"是袁术。袁术最大的一个失策是不应该率先称帝。在乱世之下，大家都想当皇帝，又都不敢带头，袁术迫不及待地称帝，终于成为大家的"目标"。众矢之的。袁绍懂这个道理，因此他也很想这样做，也只好忍住。而曹操本来是最有资本称帝的，但他明白，也要忍住。

其实，在袁术刚起称帝念头时，就有不少人劝他不要去抢这顶独有其名的皇冠，戴上容易取下难。与他关系好一点的，沛相陈珪不赞成，下属阎象和张范、张承兄弟不赞成。阎象说："当年周文王'三分天下有其二'，尚且臣服于殷。明公比不上周文王，汉帝也不是殷纣王，怎么可以取而代之？"张承则说："能不能取天下，'在德不在众'。如果众望所归、天下拥戴，便是一介匹夫，也可成就王道霸业。"可惜这些逆耳忠言，袁术全都当成了耳边风。

袁术一宣布称帝，曹操、刘备、吕布、孙策四路人马杀向袁术，大败袁术。袁术逃往汝南，仍继续做皇帝。后来，在汝南实在是待不下去了，袁术只得北上投奔庶兄袁绍。不想在半路途中被向曹操借兵的刘备击溃。《三国志·袁术传》中，裴松之注引《吴书》中有这样的文字记载："问厨下，尚有麦屑三十斛。时盛暑，欲得蜜浆，又无蜜。坐棂床上，叹息良久，乃大咤曰：'袁术至于此乎！'因顿伏床下，呕血斗馀而死。"其大意为：（没有了粮食）袁术询问厨子，回答说只有麦麸三十斛。厨子将麦麸做好端来，袁术却怎么也咽不下。其时正当六月，烈日炎炎，酷暑难当。袁术想喝一口蜜浆也不能如愿。袁术独自坐在床上，叹息良久，突然惨叫一声说：我袁术怎么会落到这个地步啊！喊完，倒伏床下，吐血死去。

袁术是一个强人，但充其量只是一个外强中干的强人。相比袁术而言，明朝的开国皇帝朱元璋做得就要扎实多了。当他起兵攻打下现在的南京后，采纳了谋士朱升的建议："高筑墙、广积粮、缓称王"。高筑墙是做好预防工作，不让别人来进攻自己；广积粮是做好准备工作，准备好兵、马、钱、粮；缓称王是做好舆论工作，不让自己成为别人攻击的目标。这个九字真经，可以说是朱元璋成就帝业之本。

朱元璋的"不出头"，实质上是为了"出头"。时代在进步，当今的人与人之间虽然没有了古时那么多的钩心斗角，但人"出头"的欲望大都有，有的人会让他人佩服，有的人会因"强出头"而导致被动局面，这也屡见不鲜。

因此，在"出头"之前，请认真评估一下自己的实力，估算一下机会，观察一下环境。力不从心莫勉强，时机未到莫勉强，环境不利莫勉强。

圣者无名，大者无形

美丽的花草最容易招人采摘，而一朵不显眼的平凡花草，反而更能够保全自己。低调做人者首先给人的感觉就是"哪哪都不惊人"。当然，所谓的"貌"不完全是指外貌，严格地说是"看上去"的意思，既包括一个人的相貌穿着，也包括了行为举止。这种人给他人的感觉是内敛而不张扬、柔和而不粗暴，不显山露水，也不锋芒毕露。这种做人的低姿态，能够减少别人的反感与嫉妒之心。

不过，在现今提倡个性张扬的时代，很多人（特别是年轻人）遇事喜张扬，遇人好显摆，更要命的是抬高自己时还不以为然的样子。我们经常看到一些人，有十分的才能，却要十二分地表现出来。生怕别人不知道，甚至要一百分地表现出来。他们往往有着充沛的精力，很高的热情以及一定的能力，他们说起话来咄咄逼人，做起事来不留余地。

一个热衷于逞能的人，即使是碰上自己没有把握的事情，也容易因为过高地估计自己的能力、或顾忌面子问题而坚持这样做。其结果不用多说，十有八九会把事情搞砸。若是给自己做事，搞砸了事情的苦酒自己品尝；若是替人办事，因为你的逞能导致你的人际关系不可能和谐。古话说：木秀于林，风必摧之；堆出于岸，流必湍之；行高于人，众必非之。热衷于逞能的人终究是干不成大事的。

圣者无名，大者无形。真正的高手是不会轻易露出本事的。我们不妨来看一个古代的高手是如何做到"不显山漏水"的。

唐朝有个皇子叫李忱，他虽生于帝王之家，但洪福并没有给李忱带来多少安逸——因为他是唐宪宗（唐朝第十一位皇帝，不计武则天）的第十三子，前面还排着十二位觊觎龙椅的哥哥。我们都知道，历代皇家的太子之争从来都是不择手段、刀光剑影、血肉横飞的，唐朝开国年间的"玄武门之变"中，李世民诛杀太子李建成和齐王李元吉就是一个明显的例子。所以，从某种意义上说，生于皇家是一种幸运，更是一种不幸。

李忱这个立于危墙之下的皇子，自幼笨拙木讷、糊涂迷糊，在皇子当中非常不起眼。长大后，李忱更是沉默寡言，形似弱智。这种形象的他与九五之尊相差太远，所以在一次又一次权力倾轧的刀光剑影中他安然无恙。

命运在李忱 36 岁那一年来了一个华丽的转身。会昌六年（846 年），唐朝的第十五位皇帝唐武宗因为食方士炼的所谓仙丹而暴毙。国不可一日无主，谁来继任皇帝呢？当时，朝廷里宦官的势力很强，这些宦官们为了能够继续独揽朝政、享受荣华富贵，首先想到的就是找一个容易控制的人上台。他们斟酌来斟酌去，发现有点不起眼的李忱是最好的人选。于是，身为三朝皇叔的李忱被迎回皇宫，黄袍加身。

居心不良的宦官们算盘打得很好。但他们显然低估了李忱的能耐。李忱登基后，将专权的宦官们一一清除，并励精治国，使暮气沉沉的晚唐呈现出"中兴"的局面，以至于被后人称之为"小太宗"。

韬光养晦不只是一种生存策略，也是一种发展策略。一个甘愿处于次要位置的人，是一个谦虚的人，更能赢得大家的尊重和爱戴。这个李忱不仅在"不起眼"中躲过了很多的灾祸，还在"不起眼"中拣了一个天大的馅饼。如此看来，装装糊涂，在很多时候也是躲避是非、保全自己的一个手段吧。

有些人装糊涂，看似愚笨，实则聪明。人立身处世，不矜功自夸，可以很好地保护自己。即所谓"藏巧守拙，用晦如明"。不过，人人都想表现聪明，装糊涂似乎是很难的。这需要有"糊涂"的胸怀和风度。《菜根谭》说："鹰立如睡，虎行似病。"也就是说老鹰站在那里像睡着了，老虎走路时像有病的模样，这都是它们准备猎物前的手段。所以一个真正具有才德的人要做到不炫耀，不显才华，这样才能很好地保护自己。

装"糊涂"之初或许需要一定的定力，但坚持一段时间后，也就习惯成自然了。那么，是不是在装"糊涂"中就真的变痴变傻了呢？不是，就像我们前面说的李忱一样，外表"糊涂"，内心永远清醒。

再让三分又何妨

或许是生活中人们承受了太多的压力：被老板责备了，被妻子埋怨了，被儿子气着了……这些似乎都需要无条件忍耐。有的人忍一忍，气就消了；有的人忍不住或任耐久了，心中的不平之气就如堤内的水位一样节节攀升。对于后者来说，他们一旦逮住一个合理的宣泄口子，心中的怒气极易如洪水决堤般汹涌而出，甚至拦都拦不住。

李四踩了张三的脚，连对不起都没一句就扬长而去。你说气愤不气愤？追上去，找他理论！张三理直气壮地拦住李四："你有没有教养啊？踩了我的脚连气也不吭一声就走。"李四一听，有些理亏，忙说了声"对不起"。其实，李四之所以没有及时道歉，是因为心里正专心地想着一件重要的事，没有注意到自己踩了别人的脚。可张三还不依不饶，认为自己有理在手，一定要对方把自己被踩脏了的皮鞋擦干净。结果两人由斗嘴，上升到动手，谁也没落个好。

有那个必要吗？多数人看自己的过错，往往不如看别人那样苛刻。原因当然是多方面的，其中主要原因是我们对自己犯错误的来龙去脉了解得很清楚，因此对于自己的过错也就比较容易原谅；而对于别人的过错，因为很难了解事情的方方面面，所以比较难找到原谅的理由。因此，大多数人在评判自己和他人时不自觉地用了两套标准。例如：如果我们发现了旁人说谎，我们的谴责会是十分严厉，可是自己就没说过一次谎吗？也许很多次呢！所以，做人要学会给他人留台阶，这也是为自己留下一条后路。每个人的智慧、经验、价值观、生活背景都不相同，因此在与人相处时，相互间的矛盾和争斗在所难免——不管是利益上的还是非利益上的。

大部分人一旦陷入争斗的漩涡，便不由自主地焦躁起来，一方面为了面子，一方面为了利益，因此一旦自己得了"理"便不饶人，非逼得对方鸣金收兵或竖白旗投降不可。然而"得理不饶人"虽然让你吹着胜利的号角，但也许成为下次争斗的前奏，因为这对"战败"的一方而言也是一种面子和利益之争，对方当然要伺机"讨要"回来。

最容易步入"得理不让人"误区的，是在能力、财力、势力上都明显优于对方时，也就是说你完全有本事干净利落地"收拾掉"对方。其实，此时你更应该偃旗息鼓、适可而止。因为，以强欺弱，并不是光彩的行为，即使你把对方赶尽杀绝了，在别人眼中你也不是个胜利者，而是一个无情无义之徒。

《菜根谭》中说："锄奸杜佞，要放他一条生路。若使之一无所容，譬如塞鼠穴者，一切去路都塞尽，则一切好物俱咬破矣。"所谓达到"狗急跳墙"地步，就是将对方紧追不舍的结果，必然招致对方不顾一切的反击，最终吃亏的还是自己，所以，让步可算是一种智慧吧。

有一位哲人说过这么一句引人深思的话："航行中有一条公认的规则，操纵灵敏的船应该给操纵不太灵敏的船让道。是的，人与人之间的冲突与碰撞也应遵循这一规则。"如果你读懂了这句话，心里一定会明白，再碰上与人发生纠葛时，也能做到"糊涂处之"了。

家长里短莫较真

柴米盐油酱醋茶，锅碗瓢盆菜刀叉……家里的事情有时真是琐碎得让人无聊。但无聊不要紧，千万不要较真儿。一家人之间很少有什么原则、立场的大是大非问题。所以，一家人，不能用"显微镜"的眼光看问题，事事要分出个对和错来，这除了导致家庭矛盾，还会引发更大问题，比如家庭解体。

有些女人，喜欢把家里布置得干净整洁亮堂。这本来是一个很好的优点，但若是过度了就恐怕会让人难以忍受。比如有个朋友的妻子，因为过于爱惜家，不准孩子邀小朋友来家里玩，因为这样容易把家里漂亮的家具弄坏，把家里精巧的摆设搞乱。当然也不准丈夫在家里抽烟，阳台上也不行，认为烟味会渗透进窗帘。总之，一切用品，报纸杂志，用后必须归回原位。这种近乎神经质的规范，让他的家人不能够感到快乐。

生活中，有些女人很爱美，但也很爱贪便宜，比如他们会在美丽的衣裳、小物件或便宜的商品面前驻留。对于这样女人的男人，对此不要过分地去指责。人人都有一些小缺点。有个同学的夫人经常会给家里买回一些并不需要的东西。但那个同学不理解，问夫人，夫人理由总是很充分：漂亮呀，便宜呀，在商场要花100多我现在只花了50元……这个同学夫人并不考虑家里已经没有合适的地方摆置了。而同学是学工科的，理性思维很强，觉得很难理解夫人的"荒唐"做法。时间一长，两人之间就有了摩擦和矛盾。

夫妻关系是家庭里最重要的关系。有人说："恋爱时要睁大双眼找对方的毛病，结婚后则要睁一只眼、闭一只眼。"现实中的男男女女却恰恰相反，热恋时男人不干净是一种美，抽烟是有风度；女人打扮得花枝招展是妩媚，说说笑笑是开朗活泼。反正一切的不足在恋人的眼中都成了爱的符号，正应了所谓"情人眼里出西施"。等到两个人步上红地毯，过起了日子。渐渐地，在妻子眼中，男人的不干净成了不讲卫生，抽烟成了既有损健康又影响家庭开支的坏毛病；在丈夫眼中，妻子左一件衣服右一件衣服成了浪费，活泼开朗也成了河东狮吼。于是，男人和女人都不断感叹：同一个人，这差别前后怎么就这么大呢？

生活是现实的，爱情是存在的，这点是不容置疑的，但勺子总会碰锅沿的，两个人在一起磕磕绊绊时，是较不得真的。"清官难断家务事"的话自古有之，如果非得弄个清清楚楚，最后只能是公说公有理、婆说婆有理的两败俱伤。

再说最让年轻女人头疼的婆媳关系，其实哪一起纠纷涉及了大事？无非都是些诸如儿媳多开了几盏灯（浪费电）、老公背后给了婆婆一点钱之类的小事。结果整来整去，婆媳反目者有之，家庭离散的有之。为了什么呢？几盏灯？一点钱？

还有孩子。都说孩子是自家的好。怎么自家好法？上这个那个培训班啊、3岁会背诵50首唐诗、4岁将《蓝色多瑙河》的钢琴曲弹得行云流水、5岁能与外国人进行日常对话……至于品行，则要求得更严了：一二三四五，条条框框多着呢。一条违背，严惩不贷。这在干什么呢？是培养圣人吗？圣人是这样培养的吗？苏东坡在他儿子满周岁时写了一首《洗儿诗》："人家养子爱聪明，我为聪明误一生。但愿生儿鲁且愚，无灾无病到公卿。"

夫妻在家里要"糊涂"一些，要"睁一只眼，闭一只眼"。糊涂是一种高层次的珍惜与爱。看身边那些打了一辈子、斗了一辈子的人仍然还得待在一个屋檐下，在三两个人的世界里，谁赢了谁，都是个输。与其纠缠不清，不如难得糊涂，大事化小，小事化了，和稀泥，你快乐，我快乐。

第十章

玩转职场的"糊涂功"

人在职场里，哪能"不挨刀"？不过，有的人"挨着挨着"，"挨出"了一身伤；有的人"挨着挨着"，"挨出"了一肚子气；有的人"挨着挨着"，"挨出"了一身"好功夫"。

什么好功夫？——糊涂功！职场如同一个大擂台，没几把"刷子"还真玩不转。硬功夫好不灵，不好，总与人争或斗。软功夫好不好，也不好，闪来躲去会没有自己的一席之地。

只有那些"糊涂功"精湛的人，才能够屈伸有度、进退自如，于闪挪腾转中轻松制胜。

玛丽莲·梦露的烦恼

罗杰最近比较心烦，不是为了升职加薪的问题，而是感觉自己在公司被忽略了。

罗杰的成长过程，简直就是一个"好孩子"的标本。从小学到大学，成绩一向不错，属于那种让老师舒心、让家长放心的孩子。而且，在学校，他的文学、艺术、体育才能也表现优异，经常获得作文竞赛奖、体育竞赛奖之类的奖状。

大学毕业以后，罗杰进了一家大公司，同期来的有各大名校的毕业生，甚至有在欧美镀金归来的 MBA。犹如一滴水，罗杰终于汇到了河里，却突然找不到自己了。他像是一棵无人知道的小草，被人忽略的感觉，如同钝刀割肉般令他感到持续地疼痛。

当骨干当然有很多好处，除了物质上相对更为丰厚的回报外，还在精神上更有成就感。但当骨干也有不好的地方。大红大紫后的著名艳星玛丽莲·梦露，有一次和闺中好友去海边度假。好友在起床时，看到梦露在窗前看日出的美妙身影，情不自禁地说："我愿意牺牲一切变成你。"梦露转过身，却说："不，不，我愿意牺牲一切变成你。"梦露为什么要那么说呢，原来她每天都是过着无隐私、被骚扰的日子。

单位也是一个舞台，同样也有明星。只不过单位的明星和娱乐明星的困扰有所不同罢了。作为单位的明星，别人不至于过分热衷于你的隐私，但对于你在单位里的一举一动也是很关注的。你的哪一点做得不够出色，马上就会引起非议——别人对你的要求是"明星级别"的。你说错一句话，保不准很快就传到老板耳朵里——因为好多人在觊觎你的位置呢。总之，你什么地方都要对得起自己的"明星头衔"。

这样一想，"明星"也会很累。想做"明星"没有错，是应该值得肯定的。但在没有做到"明星"之前，要修炼自己心态，比如是否可以少一些烦躁与愤恨、潜心学习"明星"是如何当的、怎样努力提高自己的各种能力？这写更具有建设性的举措，不仅有利于你早日做一个"明星"，同时也有利于做了"明星"后坐得更稳。

而应对"被忽略"，人的心境要变得平和，性格要变得稳重。对许多事情也要看得很开，对那些很好强很冲动的行为，要宽容地一笑。这样，你就学会了被人忽略时如何应对。而学会了被人忽略的应对策略，也会使你成长成熟。你觉得天比以前更高了、更蓝了。生活多了好些滋味。你的心情会轻松愉快，你的工作会更有成效。你不仅更热爱生活，也开始享受人生，你的仕途之路也会升得更快。

或许，在你彻底适应了这种被忽略的日子后，还真的出现一个当"明星"的机会。相信到那时候，你已经修炼到了宠辱不惊的境界了。而如果最终也没有让你有崭露头角的机会，也没有什么关系——因为，你已经适应了被忽略。看到这里，你明白了吗?

明星终归是属于少数人的，你努力做了，没有得到，会无怨无悔。小草就小草吧，没有小草，世界早就成了荒漠。

板凳须坐十年冷

"坐冷板凳"和"被忽略"有些形似，但实质上是有区别的。一般来说，一直处于"被忽略"状态中的员工，是没有资格说自己"坐冷板凳"的。在职场上，"坐冷板凳"指的是那些曾经有过风光，却突然被"冷冻"起来的人。

和被忽略者相比，似乎坐"冷板凳"的感觉更为难受。

古宾雁最近被公司新来的 CEO 三把火烧得非常郁闷。古宾雁是公司的副总经理。自从新的 CEO 来了后，公司启用了新的报销流程表，从此原来大权在握的古副总如今连每一张出租车票都要亲自写清楚上下车地点及会见了什么人，以前 5 万元以下的费用无须报批的日子更是一去不复返。财权被收了不说，所有的权限都跟着"缩水"。好几个正在谈的项目突然被安插进来的新人给"搅黄"了，再也不是他一个人拍板了，所有鸡毛蒜皮的细节都要集体讨论。这对于年富力强的古副总来说，一天都忍受不了。不到一个月的时间，古宾雁就已经在积极和猎头公司联系了。

现今，很多职业高管不堪忍受"冷板凳"的现象，与这位副总相比，另一位与他境遇相当的副总裁也是咽不下这口气辞了职。让人大跌眼镜的是：在他离开一个月之后，给他"冷板凳"坐的总裁也被赶下了台！可以想象：如果哪位副总裁再稍微多忍一个月，境遇也许应该有好转。

和屁股一挨"冷板凳"就要"转会"的有些高管不同，还有些高管的定力扎实多了。同样是权力被架空，徒留着总监或经理的头衔，一丁点儿事都要申请汇报。人家却依然神采奕奕，上班时激情万丈，全然像没有做"冷板凳"这回事一样。他们在会议上积极发言，尽管没人把自己的意见当真。他们把自己签完字后的文件积极送给让自己坐"冷板凳"的新老总签字，尽管知道自己的签字只是走走形式。同时，他们积极加班，尽管自己既不做决策又不干具体事。他们自得其乐。但你等几年再回头看，当年架空他们权力的人已经走得差不多了，而这些从主力被赶到替补位置上的"冷板凳高管"们却依然健在，他们又掌握了大权并有可能再上层楼。

看来，糊涂的技巧、方法、策略，只要掌握得好，就能做得更到位。

最后，我们从古今中外那些善于坐"冷板凳"、并最终获得机会的所谓"糊涂"人士身上，提炼出了三点共性。首先，心态要好：当围绕在身边的谄媚的笑容通通降级为敷衍的笑容，甚至别人的目光里明显含有怜悯的神色时，要"心态安稳"、熟视无睹。其次，要有强大的自我信心能力，你可以提醒自己，这种情况不久一定会改变的。再者，要有过人的表演有：要把坐在"冷板凳"上的自己，扮演得依然像是场上主力一样热情、活跃。

坦然面对职场不平

一分耕耘就会有一分收获吗？非也。付出与回报之间的关系没有那么简单。我们常常会看到这样一些现象：没有能力的人身居高位，有能力的人怀才不遇；做事做得少或者不做事的人，拿的工资要比做事做得多的人还要高；同样的一件事情，你做好了，老板不但不表扬，还要对你鸡蛋里面挑骨头，而另外一个人把事情做砸了，却得到老板的夸赞和鼓励……诸如此类的事情，很多人看了就生气，会理直气壮地说："这简直太不公平了！"

公平，是一个很让人们受伤的词语，因为每个人都会觉得自己在受着不公平的待遇。事实上，这个世界上没有绝对的公平，你越想寻求百分百的公平，你就会越觉得别人对自己不公平。

美国心理学家亚当斯提出一个"公平理论"，认为职工的工作动机不仅受自己所得的绝对报酬的影响，而且还受相对报酬的影响，人们会自觉或不自觉地把自己付出的劳动与所得报酬同他人相比较，如果觉得不合理，就会产生不公平感，导致心理不平衡。

人在还没有进入职场之前，还在校园里"做梦"的时候，都会以为这个世界一切都是公平的。不是吗？我们可以大胆地驳斥学校里的一些不合理的规章制度，如果老师有什么不对的地方我们可以直接提出来，根本不用害怕什么。在别人眼里，这是"有个性"和"有气魄"的人。

但是，进入职场之后，"人人平等"变成了下级和上级之间不可逾越的界限，"言论自由"变成了没有"任何借口"。如果你动不动就对公司的制度提出质疑，或者动不动就和老板理论，到头来往往是搬起石头砸自己的脚。

小玫原以为外企公司的人个个精明强干。谁知，自己在公司里工作了一段时间，才发现不过如此：前台秘书整天忙着搞时装秀；销售部的小张天天晚来早走，3个月了也没见他拿回一个单子；还有统计员小燕，简直就是多余，每天的工作只是统计员工的午餐成本。小玫惊叹：没想到在外企这么好混！

一天，她去后勤部找王姐领文件夹，小张陪着小燕也来领。恰巧就剩下最后一个文件夹，小玫笑着抢过说："先来先得。"小燕不高兴了，说："你刚来，哪有那么多的文件要放？"小玫不服气："你有？每天做一张报表就啥也不干了，你又有什么文件？"一听这话，小燕立即拉长了脸，王姐连忙打圆场，从小玫怀里抢过文件夹，递给了小燕。

小玫气哼哼地回到座位上，小张端着一杯茶悠闲地走进来："怎么了，有什么不服气的？我要是告诉你，小燕她舅舅每年给咱们公司500万的生意，你……"然后，打着呵欠走了。

下午，王姐给小玫送来一个新的文件夹，一个劲儿地向小玫道歉，她说她得罪不起小燕，那是老总眼里的红人；她也不敢得罪小张，因为他有广泛的社会关系，不少部门都得请他去疏通打理呢，况且人家每年都能拿回一两个大单。

老板不是傻瓜，绝不会平白无故地让人白领工资，有些看似"游手好闲"的平庸同事，说不定担当着"救火队员"的光荣任务，关键时刻，老板还需要他们往前冲呢。所以，职场的水可深着呢，你千万别像个莽夫般蛮干。

对于职场上种种貌似不公平的现象，不管你喜不喜欢，都是必须接受，而且最好主动地去适应这种现实。

忠诚于所在的企业

在企业里，你会看到老板赏识的员工往往非常忠诚，尽管他们可能不是最精明能干的。但老板认为，只有忠诚的员工，他们的聪明和智慧才能让自己踏实和放心。这个道理，聪明的人都明白。

确实，这个世界需要秩序，而且需要严密的秩序。这不仅仅是人类时间的法则，也是自然界的规则。在蜜蜂和蚂蚁的世界里，所有的工蜂必须忠诚于自己的统帅。他们必须任劳任怨地供养着蜂王，忠诚于蜂王，只有这样，才能确保整个蜜蜂世界的和谐统一，才能保证它们是一个充满战斗力的团体，可以抵御外界的一切突发状况。

一个团体必须有严格的秩序，才能确保行动的一致性和协调性。而对于团体核心的忠诚，则是整个团队实现自己目标的关键因素。依靠忠诚，才能形成巨大的合力，才会无坚不摧，战无不胜。

对于一个企业而言，员工必须忠诚于企业的领导者，这也是确保整个企业能够正常运行、健康发展的重要因素。员工的这种自下而上的忠诚对于企业来讲是必需的。如果你要玩某种游戏，就必须遵守相应的游戏规则，否则很快会被淘汰出局。

很多老板都认为，最有价值的助手最基本也最可贵的品质就是忠诚。如果你足够优秀，自信能够得到重用，那么你需要让老板感受到你的忠诚。因为事实上老板正需要你这样一个既优秀又忠诚的帮手。

杨玉是一家网络公司的技术总监。由于公司改变发展方向，她觉得这家公司不再适合自己，决定换一份工作。

以杨玉的资历和在 IT 业的影响，还有原公司的实力，找份工作并不是件困难的事情。有很多家企业早就盯上她了，以前曾试图挖走杨玉，都没成功。这一次，是杨玉自己想离开，真是一次绝佳的机会。

很多公司都抛出了令人心动的条件，但是在优厚条件的背后总是隐藏着一些东西。杨玉知道这是为什么，但是她不能因为优厚的条件就背弃自己一贯的原则。杨玉拒绝了很多家公司对她的邀请。

最终，她决定到一家大型的企业去应聘技术总监，这家企业在全美乃至全世界都有相当的影响，很多 IT 业人士都希望能到这家公司来工作。

对杨玉进行面试的是该企业的人力资源部主管和负责技术方面工作的副总

裁。对杨玉的专业能力，他并无挑剔，但是他提到了一个使杨玉很失望的问题。

"我们很欢迎你到我们公司来工作，你的能力和资历都非常不错。我听说你以前所在公司正在着手开发一个新的适用于大型企业的财务应用软件，据说你提供了很多非常有价值的建议，我们公司也在策划之方面的工作，能否透露一些你原来公司的情况，你知道这对我们很重要，而且这也是我们看中你的一个原因。请原谅我说得这么坦白。"副总裁说。

"您问我的这个问题很令我失望，看来市场竞争的确需要一些非正常的手段。不过，我也要令您失望了。对不起，我有义务忠诚于我原来的企业，即使我已经离开，到任何时候我都必须这么做。与获得一份工作相比，信守忠诚对我而言更重要。"杨玉说完就走了。

杨玉的朋友都说她糊涂，都替她感到惋惜，因为能到这家企业工作是很多人的梦想。但杨玉并没有因此而觉得可惜，她为自己所做的一切感到坦然。

没过几天，杨玉收到了来自这家公司的一封信。信上写着："你被录用了，不仅仅因为你的专业能力，还有你的忠诚。"

其实，这家公司在选择人才的时候，一直很看重一个人是否忠诚。他们相信，一个能对自己原来公司忠诚的人，也可以对自己新的公司忠诚。这次面试，很多人没有通过，就是因为，他们为了获得这份工作而对原来的企业丧失了最起码的忠诚。这些人中，不乏优秀的专业人才。

忠心耿耿的人也许看起来有点糊涂，但在哪里都受欢迎。一个人的忠诚不仅会让他赢得机会，还能让他赢得别人的尊重和敬佩。取得成功的因素最重要的不是一个人的能力，而是他优良的道德品质。

所有公司都希望员工保持忠诚，每个老板都希望能遇到那些对公司忠诚的员工。老板们并不想频繁地更换自己的员工，如果作为员工的你对老板忠诚的话。

　　那些忠诚的"糊涂人"，在困境中不会违背集体的利益，甚至为了团体的利益而不惜牺牲自己的利益。但他们明白，自己这样做的受益者并不仅仅是企业，最大的受益者其实是自己。因为，一种职业的责任感和对事业的忠诚一旦养成，就会让他成为一个值得别人信赖的人，可以被委以重任的人。

　　忠诚不是一种纯粹的付出，忠诚也会有回报，企业并不仅仅是老板的，同时也属于员工的。忠诚是企业的需要，是老板的需要，但更多是员工自己的需要。作为一名员工，你必须忠诚才能立足于职场，因为你是忠诚的最大受益者。

　　忠诚已成为现代企业中普遍采用的基本用人标准，每一个企业都需要忠诚的员工。对于一个企业而言，员工必须忠诚于企业的领导者，这是保证整个企业能够正常运行、健康发展的重要因素，因为只有对企业、对领导忠诚了，才会积累成自己的职业责任感和职业道德。

　　一位好员工，除应具备良好的专业技能外，更重要的是做人的品德，而忠诚是衡量一个人品德好坏的重要标准。老板都喜欢忠诚的员工，忠诚是你在组织中获取职位的基本保障。作为公司的一分子，给予公司忠诚，肯定会引起老板的注意，你在老板心目中的形象就是肯与公司同进步的人才。一旦有工作职位需要，老板就会对你委以重任。

　　忠诚建立信任，忠诚建立亲密。只有忠诚的人，周围的人才会接近你。"人有信则立，事有信则成"，一个人如果不忠诚，就会给人不可靠的感觉，难以得到别人的信任，更不要谈有更大的发展了。忠诚之心，大到对国家，小到对企业，对上司，对客户。作为一名员工，在工作岗位上，只有对岗位忠诚，老板才会接近你、承认你、容纳你、信任你。

　　员工对企业忠诚，能发挥团队的力量，拧成一股绳，推动企业走向成功。在这个世界上，并不缺乏有能力的人，"德才兼备，以德为先"是许多企业的用人标准，其中的"德"主要是讲员工对企业的认同和对企业的忠诚。忠诚是员工职业化生存方式，对企业忠诚，实际上是对自己职业的忠诚。当员工已兴趣发生变化、职业生涯发展受限或谋求个人利益，实现自我价值实现等其他原因选择离开企业，员工也通过自己的忠诚品德获得更大的职业发展空间，通过忠诚的品德获得更大的知名度与人际关系。

适当收敛锋芒

在职场中，你要学会适当收敛自己的锋芒，不要处处胜人。《孙子兵法》中有云："兵者，诡道也。故能而示之不能，用而示之不用……"这里所说的"能而示之不能"，是指有能力却故意装作没有能力的样子。

三国时期的陆逊，是东吴继周瑜、鲁肃、吕蒙之后的又一个声望颇高、功绩卓著的将领。他智勇兼备，武能安邦，文能治国，并且品质高尚。孙权把他比做成汤之伊尹和周初之姜尚。就是这么一个有才能之人，在夺取荆州一战中，不停以卑下的言辞写信吹捧关羽。关羽收到陆逊吹捧自己的信后，认定23岁的陆逊是一个百无一用的书生，对东吴军队完全丧失警惕，于是全力对付曹操。这样，吴军得以白衣渡江，兵不血刃地轻取荆州。

兵不厌诈，战争终归是以成败论英雄的。职场上的较量或许没有战场上的交锋那么惨烈，但人与人之间交锋的复杂程度丝毫不亚于战争。因此在某些特殊的场合和情境下，还是需要适当收敛锋芒的。比如同事费了很大力也解决不了一个技术问题，领导见了勃然大怒，当场指定你上——而这个问题恰恰是你能够轻松解决的。领导叫你上你当然得上，但如何上却有很多的讲究。是一上场就三下五除二地解决？还是上场之后给自己一定时间解决？

一般来说，一上场就三下五除二地解决问题是不可取的，因为你的行为会伤害到哪位没能解决问题的同事在领导心中的地位，也会伤害同事的自尊。上场之后假装自己也不能解决的方式，也不可取，因为这突破了你的职业精神底线，也错失了一个在领导面前的绝佳表现机会。因此，折中的方法是认证研究一番，然后解决问题，其中你还应该就某些你本来知道的问题向同事"求教"，最后，在双方的"共同"智慧下，让问题圆满地解决。这个折中的方法，其实即适当地表现了自己，也没有伤同事自尊，两全其美。（他甚至会感激你）。

对于同事你不能过于凌厉，对于上级就更应该注意了。

刀的锋芒终究是拿来用的，人的锋芒也是。如果老是藏着掖着，等于没有。所以，我们说隐藏锋芒要"适当"。三年不飞，一飞冲天；三年不鸣，一鸣惊人。"藏"是为了"亮"，这个辩证关系一定要搞清。如果你看到了一个可能"一鸣惊人"的绝佳机会，切记千万不可以放过。

防人之心不可无

同事究竟是相互扶持的同行者？还是彼此纠缠相斗的豺狼？如果把职场比喻成一片汪洋，每个在海中奋进的泳者，除了锻炼自己的泳技实力，也要顾及海水起伏的潮汐；当行有余力时，还可以当个救生员来拉同事一把。

然而并不是任何人都可以胜任救生员的工作，毕竟想要救人，得先学会自救。热心的救生员或许曾救过无数的人。然而，也有救生员在执行救人任务时，惨遭被对方拖下水："他的人生是浮起来了，我的人生反而沉下去了。"

曾经有过被同事出卖经历的人，没有不后悔莫及的。有人处就有江湖，有人处就有争抢。这话有点血淋淋，但却是一句大实话。商场如战场，职场如江湖，各种较量的手段层出不穷，若谁没有几分防备之心，不被"卖了才怪呢"。

　　刚走出大学校门的小刘，凭借过硬的电脑技术进入一家电脑公司做职员。刚进这家公司的时候，同事们一个个都很忙，很少有人和他搭讪。就在小刘默默地开始自己的工作生涯时，同事大李向小刘伸出了友谊之手。大李非常热心地照顾着小刘，两人很快就成了好朋友。好朋友之间说话当然会没有那么多的顾忌，一开始，是大李经常在小李面前发牢骚，说公司这也不是那也不是。时间一长，小刘受到了大李的感染，也开始看这不顺眼看那不顺眼，

　　在一次公司的例会上，小刘因为事先受到大李的怂恿，和公司主管交上了火。虽然是为了公事，但这多少还是影响了主管与小刘的关系。不久，早就风闻公司外派一个技术人员出国进修的名单下来了，名单上写的是大李的名字。原本也有出国进修可能的小刘这才恍然大悟，原来自己被人"下了套"。

　　同事之间的情谊，应该是有分寸的。对于那些超出同事情谊的过分热心的人要格外警惕。如果同事突然对你十分热情与友善起来，那么你应该有所警觉，因为这种反常行为很可能表示他对你有所企图或有所求。之所以用上"可能"这两个字，是为了对这样的行为保持一分客观。

　　别以为平日同事对你优待有加，你就可以不顾一切为他掏心掏肺，"害人之心不可有，防人之心不可无"！要明白在办公室不可随便交心。在办公室内，不论你平时表现得如何温顺，也会有人视你为竞争对手或潜在的竞争对手，或无端地被人当成敌对的目标。你在与同事聊天，聊到敏感话题时要知道缄默，例如你感情上的隐私，或者你公司的渠道，以及背后对于领导的批评，等等。总之把握一条：说出去的话是可以说给任何人听，不会有什么顾忌的，那就可以说。否则，再好的同事，也不可以向其敞开心扉。不论多么值得信赖的同事，当工作与友情无法兼顾的时候，朋友也易变成敌人。如果难以做到缄默，就装"糊涂"，然后迅速找借口离开是非之地。

　　《孙子兵法·地形篇》中说："善守者，藏于九地之下。"意思是说，善于

防守的人，像藏于深不可测的地下一样，使敌人无形可窥。与同事交往，也要谨以安身，避免成为别人攻击的目标。老祖宗的话历经千年考验流传至今，是有很高含金量的。

有时要去主动"背锅"

没有谁喜欢背"黑锅"，本来那个过错不属于你；但却偏偏变成了自己的错。

一般的人都有揽功推过的心理，是自己的错还想方设法要别人来背，怎么会愿意主动去背黑锅？但是，有些人不完全是这样，他们会在适当的时候来做那个"愚蠢"的背"黑锅"者。

某公司部门经理刘某由于在一次谈判中失误，受到公司总经理的指责，并扣发了他们部门所有职员的奖金。这样一来，大家很有怨气，认为刘经理办事失当，造成的责任却由大家来承担，所以一时间怨气冲天，刘经理处境非常困难。

这时秘书小张站出来说："其实这件事的主要责任人是我，当时若是我按照刘经理的要求准备好所有材料，也不致在谈判中处于被动。我今后一定吸取这次教训，把该做的工作做扎实。"众人听了，对刘经理的怒气少了许多。刘经理从此对小张青睐有加，格外照顾。

以上是一则下属主动背"黑锅"的例子。有些时候，这种背"黑锅"是被动的。在职场上经常会出现这样的情况，某件事情明明是上司耽误了或处理不当，可在追究责任时，上司却指责下属没有及时汇报或汇报不准确。

例如，在某机关中就出现这样一件事。部里下达了一个关于质量检查的通知后，要求各省、地区的有关部门届时提供必要的材料，准备汇报，并安排必要的下厂检查。某市轻工局收到这份通知后，照例是先经过局办公室主任的手，再送交有关局长处理。

这位局办公室主任看到此事比较急，当日便把通知送往主管的某局长办公室，这位局长正在接电话，看见主任进来后，只是用眼睛示意一下，让他把通知放在桌上即可。于是，主任照办了。

然而，就在检查小组即将到来的前一天，部里来电话告知到达日期，请安排住宿时，这位主管局长才想起此事。他气冲冲地把办公室主任叫来，一顿呵斥，批评他耽误了事。在这种情况下，这位主任深知自己并没有耽误事，真正耽误事情的正是这位主管局长自己，可他并没有反驳，而是老老实实地接受批评。

事过之后，他又立即到局长办公室里找出那份通知，连夜加班加点、打电话、催数字，很快地把所需要的材料准备齐整。从此，局长也愈发重视这位忍辱负重的好主任了。

为什么这位主任明明知道这件事不是他的责任，却闷着头承担这个"罪名"、背这个"黑锅"呢？很重要的一点就在于，这位主任知道，必要的时候必须顾全大局。虽然自己会受到一点损失，挨几句批评，但把工作做好趋势最重要的。

看到这里，也许有人会说：噢，背"黑锅"原来这么好，那么我以后也争取多帮领导背"黑锅"就是了。这话不全对，背"黑锅"要背的对不对，太大的"锅"只怕背不动、"伤了腰"，成的真了"黑锅"。

也就是说，替上司背"黑锅"要审时度势的，首先你应考虑到这种损失会不会引发自己职业生涯上的永久损失，如成为一个职业污点，你就应该努力避免；其次你应考虑你背不背得动，不能轻易去冒险，否则便会成了"牺牲品"和"替罪羊"。

"黑锅"要不要背，能不能背，敢不敢背？全看你的责任、眼力、评估与勇气。

吃亏是福

人们常说：吃亏是福。为什么呢？因为人们一般不愿与吃亏的人计较。相反，为了显示自己比他人要高明，人们往往乐意关照吃亏的人。因此，吃亏的人也就有了福气。

吃亏的人常被说成傻人，和傻人相对应的是聪明人。大多数人都想给自己建立一个聪明人的形象，唯恐别人不知道自己聪明，便处处表现自己的聪明。这种唯恐天下不知道自己聪明的人，只能算是一个精明人。就像那些处处拿钱炫耀的人，再有钱也只能叫暴发户而不能成为贵族。

精明人因为精明，对身边有利害关系的人总是有一种潜在的威胁。人们时时提防他，处处打压他。明代政治家吕坤以他丰富的阅历和对历史人生的深刻洞察，在《呻吟语》中说了一段十分精辟的话："精明也要十分，只需藏在浑厚里使用。古今得祸，精明者十居其九，未有浑厚而得祸者。今之人唯恐精明不至，乃所以为愚也。"《红楼梦》中的王熙凤，不可谓不精明，结果是机关算尽反误了卿卿性命！

《红楼梦》中的另一主要人物薛宝钗，其待人接物极有讲究。元春省亲与众人共叙同乐之时，制一灯谜，令宝玉及众裙钗粉黛们去猜。黛玉、湘云一千人等一猜就中，眉宇之间甚为不屑，而宝钗对这"并无甚新奇"，"一见就猜着"的谜语，却"口中少不得称赞，只说难猜，故意寻思"。对此，有专家们一语"破的"：此谓之"装愚守拙"，颇合贾府当权者"女子无才便是德"之训，实为"好风凭借力，送我上青云"之高招。这女子，实在是一等一的"装傻"高手。

真正的聪明人在适当的时候会"装装傻"。明朝时，况钟从郎中一职转任苏州知府。新官上任，况钟并没有急着烧所谓的"三把火"。他凡事问这问那，做决定瞻前顾后。府里的小吏手里拿着公文，围在况钟身边请他批示，况钟佯装不知所措，低声询问小吏如何批示为好，并一切听从下属们的意见行事。这样一来，一些官吏乐得手舞足蹈，都说碰上了一个"傻上司"。

过了三天，况钟召集知府全部官员开会。会上，况钟一改往日愚笨懦弱之态，大声责骂几个官吏：某某事可行，你却阻止我；某某事不可行，你又怂恿我。骂过之后，命左右将几个奸佞官吏捆绑起来一顿狠揍，之后将他们逐出府门。

很多精明人实际上要成功很难。因为很多对手会因为有人比他们精明而时时琢磨着他们、防备着他们，甚至于反过来用更加的精明来算计他们。就是一个团队中的人，也往往因为觉得你有能干，对你期望过高。不过，过高的期望一旦落空，失望也同样是"过高"的。

大智若愚在生活当中的表现是不处处显示自己的聪明，做人低调，不向他人夸耀自己，抬高自己，做人原则是厚积薄发，宁静致远，注重自身修为、层次和素质的提高，对于很多事情持大度开放的态度，有着海纳百川的境界和强者求己的心态，不抱怨，能够真心实意地踏实做事，只求自己能够不断成长，得到各方面的长足积累。

第十一章
练就一口"糊涂口才"

一言可以兴邦，一言可以丧邦。

每个正常人，从咿呀学语起，到寿终正寝止，几十年的光阴中，不知道要说多少话。说话的口才对于一个人来说重要之极。有些人以为，只有滔滔不绝，才称得上好口才。但实际上并不是这样。真正的好口才，并不一定要说得天花乱坠，可以是只言片语，甚至可以是一言不发。真正有好口才的人，讲究的是以独特的眼光去审视世界，以特有的大智慧去拥抱人生，这是说话的"大智若愚，大巧若拙"至高境界。即看透而不说透。说到什么程度，完全视必要性、可行性而定，视场合、时间、地点、对象和后果而定。

掌握"糊涂口才"的人，更多用的是心功。他们看上去不太善于言辞，唯唯诺诺，却能以静制动、以柔克刚、后发制人。

说话要留余地

《菜根谭》中有云：天道忌盈，业不求满。意为事事要留有余地，具体到说话上，真正明智的人是很少说"一定""绝对""保证"之类的话的，他们尽量用"应该""我想""试试看吧"之类的含糊语言，给自己留有余地，使自己言不至于极端，从而行动才能自如。同时，也给别人留有余地，减少口角之争。

《左传》中记述了这样一个故事：郑庄公二十二年（公元前 722 年），郑庄公的母亲武姜支持郑庄公的弟弟共叔段发动叛乱。郑庄公对于母亲的行为非常愤怒，立下毒誓与母亲武姜"不及黄泉无相见"。

平定叛乱后不久，冷静下来的郑庄公为自己的毒誓后悔了——毕竟是自己的亲生母亲，血浓于水。他想见自己的母亲，但又苦于自己发过誓，不能违背。好在他的部下颍考叔帮他出了一个主意："掘地及泉，遂而相见"。方才解了郑庄公思念母亲的痛苦。

因为一句话，不得不付出了大量的人力物力"掘地及泉"来弥补。所以说，把话说得太满太死的代价真是太大了。好在郑庄公高居庙堂，要人有人、要物有物，否则他还真的除了食言，想不出别的方法去见自己的母亲了。

前事之师，后世之鉴。时至今日，把话说得太死太满的现象，在我们的生活中仍屡见不绝。诸如"这样若成功，我就不姓×"或"除非……否则我绝不……"之类的句式，在很多人的口中，多少会有一些出现。

朋友小李在公司里因为工作问题和同事产生争执，小李要用 A 方案，他的同事要用 B 方案。争来争去谁也说服不了谁，于是决定各自按照自己的方案做。本来说好分头行事，小李却忍不住甩下一句："你的方案绝对不行，要是成功了我不再姓李，我跟你姓！"

后来的事实让小李非常难堪：他的方案失败了，同事的方案成功了。小李当然不可能真的改自己的姓，同事也没有再提小李改姓的话。但小李明显感觉到了周围其他同事对自己的明显冷淡。三个月后，同事升为本部门主管，小李只得选择辞职。

生活中有很多事情我们无法预料它的发展态势，有的也不了解事情的发生背景，切不可轻易地下断言，不留余地，使自己一点回旋的余地都没有。

《三个火枪手》里有个漂亮的片段。红衣主教黎塞留月夜密会美女间谍，硬拉反对他的三个火枪手当保镖。眼看火枪手嘀嘀咕咕瞎猜，黎塞留威严地说:"不要轻易下断语。"事实证明,黎塞留见美人不是为了图色,而是要她去刺杀英国首相,实施自己计划。

不少人会反感一些人用一些模糊语言,如:可能、尽量、研究、或许、评估、征询各方面意见……其实,这些人之所以运用这些字眼,就是想为自己留有余地。否则一下把话说死了,结果是事与愿违,那该多难堪啊!

言不至于极端,行就不会被逼绝境。那么,怎么样才能为自己留有余地呢?

其一,答应别人的请托时,尽量不要用"保证"之类的字眼,应代以"我尽量、我试试看"的字眼。

其二,上级交办的事当然接受,但不要说"保证没问题",应代以"我全力以赴"的字眼。这是为万一自己做不到留后路,而这样回答事实上既无损你的诚意,又显出你的审慎,别人会因此更信赖你!即使事没有做好,也不会怪罪你。

其三,与人交谈不要口出恶言,更不要说出"势不两立"之类的话;不管谁对谁错,最好是闭口不言,以便他日如携手合作时还有"面子"。

其四,不要把人"看死了"。像"这个人完蛋了","这个人一辈子没出息"之类,属于"盖棺定论"的话最好不要说。人的一辈子很长,变化也会很多。

多言多败,多事多害

在我们身边,常常会见到被戏称为"大炮"的一类人,知识不多、见识不广、能力不高,却喜欢在人前夸夸其谈,信口开河。还有些人不懂装懂,不该说的说,不会说的也要说,滔滔不绝,眉飞色舞。这种人,不仅会因浅薄而让人打心底里看不起，还容易惹祸上身。

俗话说，"祸从口出""言多必失"，又说，"说出去的话，泼出去的水。"既然是自己没有依据地说，信口开河地说，于人无利地说，就难免于人有害。嘴要把不住，就可能为自己惹祸端，特别是不会说的时候。古人云"一言既出，驷马难追。"可见，如果说错了一句话，要想挽回是非常困难的。

古希腊哲学家苏格拉底的演讲艺术十分高超，几至"炉火纯青"的地步，惹得不少年轻人慕名而来学习口才。有一天，有一位年轻的求学者上门，大概是为了表现自己是一个可造之才，年轻人一见苏格拉底便滔滔不绝地云山雾罩猛侃一通。苏格拉底当然收下了他，但要索要双倍的学费。那年轻人很不解，苏格拉底便说出了最值得人们深思的一句话："因为我要教你两门功课，一门，是教你怎样学会闭嘴，另一门才是怎样去演讲！"

很多圣贤都发现了这个道理，因此他们轻易不发声，大多数时候缄默不语。释迦牟尼曾端坐莲花台上，面对诸位得道弟子，拈花微笑，众人不解其意。只有迦叶尊者领悟了佛祖的意思，他会心一笑，于是就有了禅宗的起源。

孔子观后稷之庙，有3座金铸的人像，就在它的背上铭刻了几句名言："古之慎言人也，戒之哉！无多言，无多事。多言多败，多事多害。"

释迦牟尼佛作拈花微笑，孔子铭刻"无多言，无多事"，这两位圣人的行为，寓意深刻。它劝诫人们：为人宁肯保持沉默寡言的态度、不骄不躁、状若笨拙的糊涂样，也绝对不要去做那自作聪明、夸夸其谈的话多人。

在佛教中，"沉默"具有其特殊的意义。当年文殊法师问维摩诘有关佛道之说时，维摩诘一言不发。维摩诘的沉默，在后来的禅师们看来"如雷声一样使人震耳欲聋"。这种"如雷的沉默"，犹如台风中心，看似无声无力，却是力量的源泉。如果我们抛开略显晦涩的禅宗教义，从老子的"大辩若讷"以及庄子的"不言而言"中，就可以感知古代先贤对于沉默的推崇。

《鬼谷子·本经符》中有云："言多必有数短之处。"这是成语"言多必失"的出处。为什么言多必失，我们可以从两个角度来分析这个问题。首先，任何一个人都客观存在一定的语言失误率，从概率的角度来说，"言"的基数越大，失误的绝对数目就会越大；其次，言语过多，难免把时间与精力侧重在了说上，给思考留的时间与精力就会少，必然会增加了语言的失误率。

言多必失，沉默是金。在非原则问题上要少计较，在细小问题上要少纠缠，对不便回答的问题最好不回答，对有损自身的问题最好躲开，以理智的"糊涂"化险为夷，以聪明的"糊涂"平息可能发生的种种矛盾。人唯有静下心来，才能集中精力，才能心地空澄，才能明察秋毫之末，才能多听、多看、多想，才能不鸣则已，一鸣惊人。而且，因为你恰如其分的沉默，无疑给别人留下了足够广阔的说空间，而你则是一个好听众、好观众，这样无疑还会赢得别人的好感与尊重。

值得指出的是，对沉默是金这句话当然不应机械地去理解。什么都不表态，什么都保持沉默，也并非一种积极向上的人生态度。沉默要恰到好处。火候不足，内不足以修心养性，外不足以亲切感人；火候过老，显然已是身如槁木，心若死灰，又何来生趣呢？

总之，我们不能为沉默而沉默，沉默不是最终的目的。沉默的最终目的是把话说好。只有这样，沉默方才是金。人要静坐常思己过，闲谈莫论人非。

沉默比争吵要高明

说话的艺术，同时也包含不说话的艺术。荀子说：说话恰当是智慧，沉默恰当也是智慧。西方也有一句名言：聪明的人借助经验说话，而更聪明的人根据经验不说话。

以静制哗，是一种很高明的糊涂口才，意思是说：以自己的安定、镇静应付对手的喧哗或浮躁不安，从而获得胜利。

夫妻之间的争吵，有时小吵，有时大吵；有明吵，还有暗吵。小吵就是相互斗嘴，发生一些口角，这种争吵一般是可以自行调节的。大吵就是双方都动了真格的，持续的时间长，涉及的问题多，非要争个你输我赢不可。这种争吵一般要由他人出面相劝才能解决。暗吵就是夫妻俩关起门来吵，不大愿意让人知晓，当有外人来时，双方就会自动中止争吵。明吵则相反，就是要当着众人的面争吵，这种争吵一般是要把矛盾公开化，是争吵中最为严重的一种类型。

当然，不少夫妻在争吵时各种形式是同时或交替出现的。不管怎样，夫妇争吵总不是一件好事，它会给夫妻生活带来许多烦恼，甚至是不幸的祸根。因此，能够避免争吵，保持自始至终的和谐与合作当然是一件幸事；但在争吵不可避免时以理智、冷静而恰当的态度处之，并及时减少或消除由此带来的不良后果，重新取得和谐，则不失为一种艺术。

"以静制哗"也可用来对付无赖小人。有这样一个故事：

古时候，有个农民牵着一匹马到外地去，中午走到一家小酒店去用餐，这时一个商人骑着一匹马过来，也将马往同一棵树上拴。农民见了忙说："请不要把你的马拴在这棵树上，我的马还没有驯服，它会踢死你的马的。"但那商人不听，拴上马后也进了小酒店。

一会儿，他们听到马可怕的嘶叫声，两人急忙跑出来一看，商人的马已被踢死了。商人拽住农民就去见县官，要农民赔马。县官向农民提出了许多问题，可问了半天，农民一字不答。

县官转而对商人说："他是个哑巴，叫我怎么判？"商人惊奇地说："我刚才见到他的时候,他还说话呢。"

县官问商人:"他刚才说了什么?"

商人把刚才拴马时农民对他说的话重复了一遍,县官听后将惊堂木一拍,说:"这样看来是你无理了,因为他事先曾警告过你。因此,现在他是不应该赔偿你的马。"

这时农民也开了口,他告诉县官,之所以不回答问话,是想让商人自己把事情的所有经过讲清楚,这样,不是更容易弄清楚谁是谁非吗?

由此可见,在日常交际中,遇到自身难以说清是非的问题时,不如也像这位农民一样,以静制哗,等他人自露破绽,再后发制人。

口才是开启成功的钥匙

在做事时,成功的秘诀有很多,口才好的因素绝对不容忽视。一个人要想成功,就离不开良好的口才。因为说话的水平是这个人的思维本质、认识高度、知识渊博程度等的综合体现。在很多种情况下,不管是社会还是个人,对一个人的认识和了解都是通过说话来实现的。自古以来,能成就一番事业者无一不是善于说话、精于做事的人。若能练就一个善讲巧说的"铁嘴",就可以帮助自己用语言打开一片广阔的天地,在通往成功的道路上无往而不利。

口才是人一种综合能力的体现。良好的谈吐可以助一个人成就一番事业。在我们的日常生活中,有些人口若悬河,有些人期期艾艾、不知所云;有些人谈吐隽永、满座生风,有些人语言干瘪、意兴阑珊;有些人唇枪舌剑、妙语连珠,有些人反应迟钝、言不及义……人们的口才能力有大小之分,说话的效果也是有很大的差别。

一个善于说话的人，必须具有敏锐的观察力，能深刻地认识事物，只有这样，说出话来才能一针见血，准确地反映事物的本质。除此之外，还要有一定的严密思维能力，懂得如何分析、判断和推理，说出话来天衣无缝，有条有理。最后，还要有流畅的表达能力，词汇丰富、知识渊博，才能说出生动的话。

每个人都希望自己有一副好口才。但好口才不是天生的，能说会道、口若悬河的好口才是从生活中培养出来的。一个人只有多听多说、勤学苦练，才可以在任何场合，面对任何人，都能做到从容不迫地说，潇洒自如地说。

在我们的生活中，有些人肚子里知识很多，专业水平很高，工作很出色，可就是缺少嘴上功夫，言谈拘谨慌张，逻辑思维混乱语无伦次，不受人们欢迎。结果经常遇到许多尴尬的局面：当众讲话结结巴巴；见到陌生人无话可说；参加面试语无伦次；开会发言时词不达意，恋爱交友时磕磕绊绊；被人误解时有口难辩。

同是一件事情，有些人因为会说话大获成功，有些人却因为口拙遭受失败，还有些人茶壶里煮饺子——就是倒不出来，这不能不说是一种遗憾。不善言谈和不善表达很容易给人留下能力低下和思维匮乏的印象。这样的人无论处在那一个社会层面，也不论走到哪里，都不会得到足够的器重和赏识，甚至只能沦为无足轻重的边缘人。在这时，假如你还在用"我"虽然不会说话，但是会做事来安慰自己，肯定还会遭受接二连三的打击。

古希腊演说家德谟斯蒂尼斯，为矫正口吃，就口含鹅卵石练演说。为了防止别人引诱他走出房门，竟把自己的头发剃去一半，弄成半阴半阳的"鸳鸯头"，这种丑相将他束缚在书房里，潜心苦练口才。英国的谢罗德演讲之初，常受到他人的讥讽，但他却不灰心，每天苦练不辍，终于成了口齿伶俐、心机灵敏的著名演讲家。美国政治家林肯，年轻时常常徒步三十英里，到法院听律师的辩护，他还把木桩、玉米林当作听众，练习演讲。出任总统后，他为了做好那个只有六百多字的著名的格提斯堡烈士安葬演说，精心准备了十五天。"冰冻三尺，非一日之寒。"古今中外的演讲大师正是这样严格约束自己，勤学不辍，才终于掌握了高超的演讲艺术的。

人要想有良好的口才，首先是正确的发音，对于每个字，都必须发音清楚。清楚的发音可以依赖平时的练习，或注意别人的谈话，朗读书报，多听收音机广播等；这些均对正确的发音有迅速的帮助。人在说话的时候，对于每一句子要用明白易懂的言辞，避免用生涩词汇。别以为说话时用语艰深，就是自己有学问、有魄力的表现；其实，这样说话不但会使人听不懂，而且会弄巧成拙，还会引起别人的怀疑，以为是在故弄玄虚。当然，良好的说话，应该是用大方、熟练的语句，而且丰富的词汇，表达说话的需要，使内容多彩多姿，扣人心弦。

说话的速度是不宜太快亦不宜太慢的，说话太快使听的人不易应付，而且自己也容易疲倦，有些人以为说话快些，可以节省时间，其实说话的目的，是使对方领悟你的意思。此外，不管是讲话的人，或者是听话的人，都必须运用思想，否则，不能确切把握话中的内容。当然说话太慢，也是不对的，一方面既浪费时间，另一方面会使听的人感觉不耐烦。

说话是一种艺术。我们必须掌握各种巧妙的方法，才能获得成就。人在说话的时候要认清对方，顾虑别人的感受，说话时做到坦白率直，细心谨慎。宜常常谈话，但每次不可大长，说话的时候不可唯我独尊。因为我们说话的目的是要说明事情，使人发生兴趣。所以要清晰！要明白！

信口开河、放连珠炮，都是不好的说话方式。信口开河并非表示你很会说话，相反的，证明你说话缺乏热诚，不负责任。至于说话像放连珠炮，只有使人厌烦，因为你一开口，别人就没有机会启齿了。

当今社会是一个竞争与合作的社会，有很多人在竞争中失败，有很多人在合作中成功，这其中玄机在哪里呢？西方有位哲人说过："世间有一种成就可以使人迅速完成伟业，并且获得世人的认识、赞同，那就是讲话令人喜悦兴奋的能力"。即通常所说的口语交际能力。通观古今中外，凡是那些成就大事、有所作为的人，都会把好口才作为必备的修养之一。如"完璧归赵"的蔺相如，美国总统林肯等等，无一不具备出类拔萃的口才。所以说，好口才确实是开启成功的一把金钥匙。

正面不通就迂回进攻

三年羁旅客，今日又南冠。

无限河山泪，谁言天地宽！

已知泉路近，欲别故乡难。

毅魄归来日，灵旗空际看。

这是明末清初的民族英雄夏完淳的一首绝命诗。他是一个 12 岁参加反清斗争、14 岁弃笔从戎的少年天才，16 岁被俘。

夏完淳被俘后押至南京受审。提审时，他惊愕地发现审判自己的竟是明朝叛官洪承畴。

洪承畴原是明朝的一个总督。清军南下时，崇祯皇帝曾命他率军抵抗，结果全军覆没。崇祯帝及满朝文武还以为他已战死了，为他举行了隆重的祭礼，并大力表彰他，谁知他却早已当了叛贼，死心塌地地为清王朝卖命了！

洪承畴以为夏完淳不认识他，以长者的口吻对夏完淳说："小孩子家懂什么造反，还不是让那些叛乱之徒硬拉去的？你要是肯归降大清，我保你做官。"

夏完淳感到既气愤又好笑，苟且偷生，是叛贼的逻辑。于是，他装出不认识洪承畴的样子，决定嘲弄一下这个叛贼。他回答说："我年龄是小，可我有自己的志向。你们都知道我们的抗清英雄洪承畴吧？他奋勇抗清，宁死不屈，很有气节，我年龄再小也要做他那样的人！"

听了夏完淳的话，洪承畴在大堂上真是如坐针毡。这时，有人告诉夏完淳说："大堂上坐的正是洪大人，你不要再顽抗了！"

夏完淳还是装出糊涂的样子，指着洪承畴的鼻子骂了起来："胡说！洪老先生早已为国捐躯，天下谁人不晓。你是哪来的贼子，竟敢假冒洪先生，玷污他的名声？只有你们才是朝廷的叛徒，民族的败类。你们认贼作父，投降清廷，应人人得而诛之！"

大堂上的洪承畴被骂得狗血喷头，但又不便发作。他无地自容，只好用颤抖的声音喊道："把他押下去！押下去！"

夏完淳没有直接骂洪承畴是叛臣，反而有意假装称他是忠臣，这种避实就虚、曲径通幽的战术，将"为国捐躯"与"卖身投敌"形成鲜明对照，以高尚反衬卑劣，更加揭露了叛臣的丑恶灵魂。这种迂回的攻击，比正面直接攻击的效果又胜一筹。

在我们日常的工作与生活中，我们也可以学习这种故意"装糊涂"的说话方式。有这样一个故事。在酒吧里，一个高个子先生问一个正要出门的矮个子先生："您好，请问您是蓝斯顿先生吗？"矮个子回答："不，我不是。"高个子听了，一副非常高兴的样子："哦，您不是的话我就放心了，我是蓝斯顿，你头上的帽子是蓝斯顿的。"，原来是矮个子出门时拿错帽子了！这种生活中的小小插曲，被蓝斯顿硬是"糊涂"出了一场轻喜剧。

从上面两个例子我们不难看出，糊涂是一项多么有效的武器。既可以将敌人"杀"得丢盔弃甲，又可为生活添加趣味十足的调料。

巧嘴让人接受"不"

不愿意听到别人的反对与拒绝，这是人之常情。口才高手们总结出一些让别人高兴地、顺利地、心悦诚服地接受"不"的技巧。

日本明治时代的大文豪岛崎藤村被一个陌生人委托写一本书的序文，几经思考后，他写下了这封拒绝的回函。

"关于阁下来函所照会之事，在我目前的健康状况下，实在无法办到，这就好像是要违背一个知心朋友的期盼一样，感到十分的懊恼。但在完全不知道作者的情况下，想写一篇有关作者的序文，实在不可能办到，同时这也令人十分担心，因为我个人曾经出版《家》这本书，而委托已故的中泽临川君为我写篇序文，可是最后却发现，序文和书中的内容不适合，所以特别地委托他，反而变成一种困扰。"

在这里，藤村最重要的是要告诉对方"我的拒绝对你较有利"，也就是积极传达给对方自己"不"的意志的一种方法。而这样的说辞，又不会伤害到委托者想要达成的动机。

通常，当我们被对方说"不"而感到不悦的理由之一，是因为想让对方说出"好"而达成目的的愿望在半途中被阻碍，因而陷入欲求不满的状况。所以，既不损害对方，又可以达成目的说"不"的最好方法，就是让对方想委托你时，当"达成动机"被拒绝后，反而会认为更有利的是另一种"达成动机"，而只要满足这一种"达成动机"就可以了。

藤村可以说是十分了解人的这种微妙心理，所以暗地里让对方觉得"被我这样拒绝，绝对不会阻碍你目的的达成"。所以，我们在拒绝他人时，也可以用这样方法，让对方觉得说"不"，是为了让对对方有好处，这不仅不会损害到对方的感情，而且还可以让对方顺利地接受你所说的"不"。

战国时期韩宣王有一位名叫缪留的谏臣。有一次韩宣王想要重用两个人，询问缪留的意见，缪留说："曾经魏国重用过这两人，结果丧失了一部分的国土；楚国用过这两个人，也发生过类似的情形。"接着，缪留还下了"不重用这两个人比较好"的结论。其实，就算他不给出答案宣王听了他的话也会这么想。

这种说"不"的方法，之所以这么具有说服力，主要是因为这两个人有过去失败的经验造成的，但缪留在发表意见时，并没有马上下结论。他首先对具体的事实作客观地描述，然后再以所谓的归纳法，判断出这两个人可能迟早会把国家出卖的结论。说服的奥秘就在此。相反，如果宣王要他发表意见时，缪留一开口就说："这两个人迟早会把我国卖掉"等等，结果会怎样呢？可能任何人都会认为"他的论断过于极端，有公报私仇的嫌疑。"即使他在最后列举了许多具体事实，也可能无法达成他前面所说的客观事实效果。

所以，我们在必须向别人说出他们不容易接受的"不"时，千万不要先否定性地给出结论，要运用在提议阶段所否定的论点，即"否定就是提议"的方式，不直接说"不"，只列举"是"时可能会产生的种种负面影响，如此一来，对方还没听到你的结论，自然就已接受你所说的"不"的道理了。

我们曾听说过可以负载几万吨水压的堤防，却因为蚂蚁般的小洞而崩溃的例子。最初只是很少水量流出而已，但却因为不断地在侧壁剧烈地倾注，最后如怒涛般地破堤而出。

这种方法可以适用于说"不"的技巧里，也就是说，要对不可能全部接受的顽固对方说"不"时，反复地进行"部分刺激"，而让对方全盘地接受你的"不"的意思。例如，朋友向你推荐一名大学毕业生，希望在你管辖的部门谋求一个职位时，想在不伤害对方感情的情形下加以拒绝，这时可以针对年轻人注重个人发展和待遇方面，寻找出一种否定的理由，反复地说："我们这里也有不少大学生，他们都很有才华……""这里的福利待遇都很一般……""在这里干，实在太委屈你了……"等等，相信那位大学生听了这些话后，心里就会产生"在这里干没什么前途"的想法，再也不作纠缠，客气地向你告辞。

以退为进，正话反说

由于场合因素和人际关系等原因，对于对方的评判或反对意见，有时坦言辩驳并不合适，这时不妨采用反语。反语是一种正话反说、话中有话、绵里藏针的攻心术，即用表面肯定而实际带有反对、评判意思的话来含蓄地说服对方。

直言正谏容易触怒对方，特别是在封建社会，当劝谏的对象为封建帝王时，稍有不慎，就会惹来杀身之祸，所以有人便以"正话反说"作为攻心的一种手段。

反语进行劝谏，古书中记有许多趣话。下面这两个故事就是很精彩的例子。

有一次，齐景公的一匹爱马死了，齐景公非常生气，要把看管马厩的人处以四肢分裂的酷刑。恰好晏子在齐景公身边，他摇手制止，对景公说："恕臣冒昧，主公可知古时候的圣人尧舜，在将人四肢分解时，先从哪个部位开始呢？"

"从……从……"尧舜是圣人，圣人当然不可能将人处以四肢分解的酷刑。晏子故作此问，是为了制止齐景公这种专横的行为。景公一时语塞，不知如何作答，只好厉声对左右命令："把这个家伙抓进牢里。"

晏子又对齐景公说："这人被抓进牢里，一定感到莫名其妙，不知自己犯了何罪，下狱之前，我来向他数说罪名好吗？"

"好！"齐景公回答。

晏子非常严厉地对看管马厩的人说："你仔细听着，你犯了三条重罪。第一条是工作不用心，连一匹马都没有看护好；第二条是使主公最心爱的马死掉了；第三条是由于主公爱马的死，主公不得不将你处死，这件事如果张扬出去，所有舆论的责难就会集中到主公身上，诸侯听到这个消息，也会以此为笑柄。你就是犯了这些罪，所以才被抓进牢里，你现在听明白了吗？"

晏子的话，齐景公听到了弦外之音，长叹一声："放了这个人吧，别因为他使寡人背上不仁的罪名。"

晏子谏君有方，使这个无辜的看马人免除一场灾祸。

再看另外一则故事。晋平公宴请宾客，家臣送上烤肉，有一根头发缠在上面。晋平公立即下令把烤肉的厨子杀掉，并不准收回命令。

烤肉的厨子向天大呼说："天啊！奴才有三条大罪，竟然死到临头自己还不明白啊！"

晋平公问他："你说的是什么意思？"

厨子回答说："奴才所用的刀锋利得很，真可以说是望风骨断，但是头发却没有砍断，这是奴才的第一条死罪；用桑木炭火烤肉，肉烤得红是红白是白，但是头发却没有烤焦，这是奴才的第二条大死罪。肉烤熟以后，又细细眯着眼睛察看了一番，头发绕在肉上眼睛倒没有看见，这是奴才的第三条大死罪。猜想起来，堂下或许有暗中怀恨奴才的人吧？要杀奴才是不是太早了一点啊？"

晋平公本来生性暴戾，现在烤肉上又确实有根头发，于是愤怒地立即下令杀掉做烤肉的厨子，并宣布无可改变。一般说来，这厨子也只有死路一条了。但这位厨子佯装"糊涂"，正话反说，对天大呼自己有三大罪过，实则话里有话。这样一个出人意料之外的举动自然会引起晋平公的注意，他认为厨子所说正确，实属冤枉。因为他所列的罪状实际上都是违背事理的，这是明理人一听就能听出来的。

"糊涂"的话中寄寓着强有力的辩解和说明，正话反说，闻之令人觉得奇异有趣。据说晋平公听了这番话后，主动赦免了那位厨子。

"正话反说"毕竟是一种讽刺性的表达方式，使用时要特别注意语意的轻重和火候。既不能过分隐晦，令对方不能顺利领会话中的"话"，也不能火药味太浓，以免伤及对方的自尊，引起反感，反而弄巧成拙。还有，针对分歧不做直接的回击与辩解，从反面入手，另辟蹊径。正话反说看似无原则曲意逢迎糊涂，实则是以退为进的明智之举。

自嘲是一种处世智慧

"二战"期间，美、英、苏三国首脑在德黑兰会谈，气氛非常紧张。丘吉尔是个不拘小节的人。一天开会时，赫鲁晓夫注意到英国外交大臣艾登悄悄递给丘吉尔一张字条，丘吉尔匆匆一瞥，神秘地说："老鹰不会飞出窝的！"并当即将字条放在烟斗上烧了。多年后，赫鲁晓夫访问英国时，好奇地问起了艾登当时究竟写了什么，艾登哈哈大笑，"我当时写的字条说：你的裤裆纽扣没扣上。"

在日常生活中，难免会有失礼或难堪的时候，如不知怎样调节情绪，沉着应付，就会陷入窘迫的境地。这时，如采取适当的"自嘲"方法，不但能使自己在心理上得到安慰，而且还能使别人对你有一个新的认识。

鲁迅先生生前饱受迫害，他在《自嘲》诗中写道："运交华盖欲何求，未敢翻身已碰头。"这既是对自己遭遇的诙谐写真，也是投给反动派的枪弹。著名漫画家韩羽是秃顶，他写了这样一首《自嘲》诗："眉眼一无可取，嘴巴稀松平常，唯有脑门胆大，敢与日月争光。"读之令人忍俊不禁，使我们想到韩羽先生乐观、大度的处世态度。香港有个演员太胖，但她不是挖空心思地去减肥，而是任其自然，把精力用在事业上，甚至给自己取艺名为"肥肥"，结果她以自己的才华赢得了观众的认可。

自嘲，貌似糊涂，实则是人生深厚精神底蕴的外在折光。它产生于对人生哲理高度的深刻体察，是既看到自己的不足，又看到自己长处后的一种自信。自嘲，是最为深刻的自我反省，而且是自我反省后精神的超越，显示着灵魂的自由与潇洒。自嘲，标志着一定的精神境界。自嘲，也是缓解心理紧张的良药，它是站在人生之外看人生。自嘲又是一种深刻的平等意识，其基础是，自己也如他人一样，有可以嘲笑的地方。自嘲，还是保持心理平衡的良方，当处于孤立无援或无人能助时，自嘲可以帮自己从精神枷锁中解脱出来。

能自嘲的人，心胸不会狭窄，提得起，放得下，能以一种平常恬静的心态去品味与珍藏生活中的酸甜苦辣，能去参透与超越人世间的利禄功名，从而获得潇洒充实的人生。

好口才并不是天生的

在生活中，我们总能看到一些人非常有口才。其实，说话的天才，并不是天生的，而是从现实中锻炼出来的。

没有哪种活动是不必开口说话的，各项工作都需要口才。人练习口才的机会越多，改进的机会也就越多，生活中到处都是练习谈话的题材和对象。只有不断地练习，你就能知道自己可以进步到何种程度。

许多擅长说话的人，最初大都是拙嘴笨舌的人。

著名的演说家和心理学家爱德华·威格恩先生曾经非常害怕当众说话或演讲。他读中学时，一想到要起立做5分钟的演讲，就惊悸万分。每当演讲的日子来临时，他就装病，因为只要一想到演讲的事情，血就直冲脑门，脸颊发烧。读大学时情况他的这种情况依然没有得到改变，有一回，他小心地背诵一篇演讲词的开头，但当面对听众时，他脑袋里却"轰"地一下，不知身在何处了。他勉强挤出开场白："亚当斯与杰克逊已经过世……"就再也说不出一句话，然后便鞠躬……在如雷的掌声中沉重地走回座位。校长站起来说："爱德华，我们听到这则悲伤的消息真是震惊，不过现在我们会尽量节哀的。"接着，是哄堂大笑。当时，他真想以死解脱。后来，他诚恳地说："活在这个世界上，我最不敢期望做到的，便是当个大众演说家。"

同样如此，像林肯、田中角荣等世界著名演说家的第一次演讲都是以失败告终的。那么，他们后来又是如何会在薄弱的基础上获得了令人惊奇和引人瞩目的演讲成功呢？答案很简单，只要勇敢地面对现实，大胆地面对挑战，刻苦勤奋、坚持不懈地努力练习，完全可以拥有出色的口才，实现自己的梦想。

狄里斯在西欧被称为"历史性的雄辩家"。但他的雄辩并不是天生的才能，也是后天练就出来的。据说，他天生嗓音低沉，且呼吸短促，口齿不清，旁人经常听不到他在说些什么。当时，在狄里斯的祖国雅典，政治纠纷严重，因此，能言善辩的人格外引人注目，备受重视。尽管狄里斯知识渊博，思想深邃，十分擅长分析事理，能预见时代潮流和历史发展趋势。但是当他作了一番周密细致的思考，准备好了精彩的演讲内容，第一次走上演讲台，还是不幸遭到了惨痛的失败，原因就在于他嗓音低沉、肺活量不足、口齿不清，以至于听众无法听清楚他所言何事、何物。但是，狄里斯并不灰心，他反而比过去更努力地训练自己的说话能力。他每天跑到海边去，对着浪花拍击的岩石放声呐喊；回到家中，又对着镜子观察自己说话的口型，做发声练习，坚持不懈。狄里斯如此努力了好几年，终于功夫不负有心人，再度上台演说时，他博得了众人的喝彩与热烈的掌声，并一举成名。

由此可见，只有刻苦勤奋、坚持不懈地努力练习，就会获得令人惊奇和瞩目的成功。因此，我们不应该放过任何一次当众练习讲话的机会。我们要珍惜每一次练习说话的机会，我们要勤奋地进行口才练习。比如，主动协助他人处理一些工作，尤其是一些需要到处求人的工作，设法做各类活动的主持人，这样，你就有机会接触那些口才好的人，可以向他们学习说话的技巧，自然而然，你也就可以担负一些发表言论的任务。

在日常生活中，也可以寻找到讲话的机会。山姆·李文生在纽约任中学教员时，就喜欢与亲人、同事和学生就工作和生活中的一些事情发表意见，做简短的谈话。没想到这些谈话引起了听众热烈的反响。不久，他受邀为许多团体演说，后来，成了许多广播节目里的特约嘉宾。之后，山姆先生便改行到娱乐界发展，且成就非凡。现在他不但是广播、电视明星，而且还是在美国各地都很有影响力的演讲者。

即使读遍所有关于口才的书籍，如果不寻找机会开口练习，依然不会有口才上的出色表现。实践是必需的，当你勇敢地踏出第一步，后面要比你想象的轻松得多，不实践，你就会把困难想象得无限地扩大下去。因此，如果你想要成为一个能言善辩的高手，不要错过生活给你提供的任何一次练习的机会。